海量高维离群数据挖掘方法与技术

赵旭俊　著

U0195227

西北工业大学出版社

西安

【内容简介】 随着信息社会的不断发展,大数据的价值已被社会全面认可,如何从大数据中挖掘有价值的知识和规律面临着巨大技术挑战。离群数据作为数据挖掘的一个重要分支,可从大数据中发现与众不同的、意义深远的特殊现象。本书以离群数据挖掘及并行计算为研究对象,对基于距离的离群数据挖掘、基于加权 k 近邻的离群数据挖掘、基于子空间的离群数据挖掘以及多数据源的离群数据挖掘等各种方法和算法进行了深入研究,并在高性能集群环境下,讨论分析了各种算法的并行化过程,设计实现了相应的并行算法以及性能优化算法。

本书可供从事大数据、数据挖掘、机器学习以及并行计算等相关领域的科研及工程人员参考,也可作为高等院校计算机、软件工程及自动化等专业的本科生与研究生的学习参考书。

图书在版编目(CIP)数据

海量高维离群数据挖掘方法与技术 / 赵旭俊著·—
西安:西北工业大学出版社,2019.12
ISBN 978 − 7 − 5612 − 6923 − 7

Ⅰ. ①海… Ⅱ. ①赵… Ⅲ. ①数据采集 Ⅳ.
①TP274

中国版本图书馆 CIP 数据核字(2020)第 023831 号

HAILIANG GAOWEI LIQUN SHUJU WAJUE FANGFA YU JISHU

海 量 高 维 离 群 数 据 挖 掘 方 法 与 技 术

责任编辑:付高明	策划编辑:付高明
责任校对:杨丽云	装帧设计:李 飞

出版发行:西北工业大学出版社

通信地址:西安市友谊西路 127 号　　邮编:710072

电　　话:(029)88491757,88493844

网　　址:www.nwpup.com

印 刷 者:陕西向阳印务有限公司

开　　本:787 mm×1 092 mm　　1/16

印　　张:15.625

字　　数:208 千字

版　　次:2019 年 12 月第 1 版　　2019 年 12 月第 1 次印刷

定　　价:98.00 元

前　　言

伴随着信息时代的到来和互联网技术的快速发展,全球数据量的规模迎来了爆炸式的增长,预示着进入大数据时代。然而,在海量、高维数据飞速膨胀的同时,知识汲取手段的缺乏和落伍成为大数据面临的重要问题。数据挖掘是专门针对海量数据提出的一种知识发现技术,它可以被看作是信息技术的自然进化产物,实现了相关学科同应用领域的融合,能较好地适应大数据的发展。离群数据挖掘作为数据挖掘领域的一个主要研究内容,其目的是从海量原始数据集中,识别与大多数对象具有明显差异的个别对象,在信用卡欺诈、网络鲁棒性分析、入侵检测等领域得到了广泛的应用。现有的大多数离群挖掘方法主要从全局的角度识别离群数据,难以适应高维的数据集。因此,海量、高维离群数据挖掘方法的研究具有主要的意义和价值。

近年来,笔者一直从事离群数据挖掘及其应用的相关研究,在结合大数据热点和先进的并行计算平台 Hadoop 的基础上,开展了一系列的研究工作,本书是近年来相关成果的总结。全书分为 6 章,除绪论主要介绍大数据、并行计算以及数据挖掘技术的基本理论之外,其余章节编排如下。

第 2 章为基于距离的离群数据挖掘。本章针对基于距离度量的离群数据挖掘方法展开研究,提出了基于距离支持度的离群数据挖掘、基于分阶段模糊聚类的离群数据挖掘、基于信息熵的离群数据挖掘共 3 个算法,解决了离群数据挖掘效率及准确性较低的问题,并为后续章节天体光谱数据的离群挖掘奠定了技术基础,也为未知天体的识别提供了新方法。

第 3 章为基于加权 k 近邻的离群数据挖掘方法及并行化。本章针对基于近邻的离群数据挖掘方法进行深入研究,利用 Z-order 空间填充曲线,将高维空间数据映射到低维空间,并在低维空间上

实现加权 k 近邻的查询。本章还提出加权 k 近邻的离群数据挖掘算法，并在 Hadoop 并行计算平台上，设计实现了相应的并行算法。

第 4 章为基于属性约减的子空间离群数据挖掘方法及并行化。本章是面向子空间的离群数据挖掘方法的研究，利用属性约减和稀疏子空间的思想，提出了一种局部离群数据挖掘方法。该方法首先通过分析高维数据属性之间的相关性，剪枝一些与离群检测不相关的属性和对象，达到缩小原始数据集的目的；然后采用稀疏子空间检测局部离群数据，并将粒子群优化方法用于稀疏子空间的搜索过程。在串行算法的基础上，本章还设计开发了基于 MapReduce 的并行算法，在适应高维数据特征的同时，解决了海量离群数据挖掘问题。

第 5 章为多源离群数据并行挖掘方法与性能优化。前面的章节都是基于单个数据源实施的离群数据挖掘，但随着数据获取和数据来源日益丰富，从多源数据集中检测离群，能发现更有价值的关联性知识。本章在给出三种不同类型的多源离群及其形式化描述之后，提出了多数据源中检测离群的基准算法和改进算法，并利用 MapReduce 的强大计算能力，提出了基于 kNN-join 的多源离群并行挖掘算法。本章还针对并行 kNN-join 操作中出现的数据倾斜现象，提出了一种新的数据划分方法——kNN-DP，有效地缓解了并行环境中负载不平衡问题。

第 6 章为海量高维离群数据挖掘应用。本章重点介绍离群数据挖掘技术在天体光谱、智能制造中的应用。在详细介绍需求分析的基础上，设计并实现了天体光谱离群数据挖掘系统以及冷轧辊加工工序异常检测系统，给出了这些系统的功能模块、体系结构，以及系统运行的相关界面。最后对运行结果进行了详细的分析，并对获取的离群数据做出合理解释说明。

本书的写作得到了太原科技大学人工智能实验室、计算机科学与技术学院各位老师的大力支持，特别是张继福教授、蔡江辉教授、杨海峰教授为本书提出了许多宝贵的建议，在此一并致以诚挚的感谢。

写作本书曾参阅了相关文献、资料，在此，谨向其作者深表谢忱。

本书所涉及的部分研究工作得到了国家自然科学基金（项目编号：61876122，U1731126）、山西省科技创新团队项目（项目编号：201805D131007）、山西省重点研发计划（项目编号：201803D121059)和太原科技大学博士启动基金（项目编号：20192013)的资助，在此向相关单位表示深深的感谢。

由于水平有限，书中难免有不妥之处，欢迎各位专家和广大读者批评指正。

著　者

2019 年 9 月

目　　录

第1章 绪 论

伴随着信息时代的到来和互联网技术的快速发展,全球数据量的规模迎来了爆炸式的增长。庞大数据驱动了更有效的决策,成为国家、企业乃至整个社会高效、可持续发展的重大推动力,毫无疑问,大数据时代已来临。在海量、高维数据飞速膨胀的同时,知识汲取手段的缺乏和落伍成为大数据面临的重要问题,人们在繁杂多样的海量信息中很难获取对自己有用的知识。同时海量的信息带来了数据表现形式的不断丰富,随着时间的积累,信息逐渐规模化,导致信息过载。因此,如何对海量复杂的数据进行有效分析,挖掘实现其潜在价值并合理利用,是当前需要思考和解决的重要课题之一。传统的人工处理方法已经无法处理和利用如此大规模的海量、高维数据,更无法快速、准确地从中获取有用知识,传统的数据处理技术已经不能适应大数据的要求,遭遇了许多技术难题,急需寻找一种有效、可扩展和灵活的数据分析技术来实现大数据的处理。数据挖掘是专门针对海量数据提出的一种知识发现技术,它可以被看作是信息技术的自然进化产物,实现了相关学科同应用领域的融合,能较好地适应大数据的发展。

1.1 大数据及大数据挖掘

随着信息社会的不断发展,信息系统中充斥着海量的、多结构的、多维度的数据资源,大数据价值已被社会全面认可,如何挖掘数据价值已成为各研究领域和各行业应用领域最为关心的问题。

1.1.1 大数据概述

在大数据时代,由于数据体量的巨大,数据的结构多样,催生出先进的数据存储、移动和处理设备。大数据不仅用来描述数据量的巨大,同时先进的数据处理技术使得大数据具有高速性特征。这些先进的技术和海量的数据促使大数据在世界范围内的高速发展,已经引起国内外学术界、全球工业界以及许多国家政府层面的高度关注。

在国际学术界,世界顶级期刊 *Nature* 在 2008 年举办了"Big Data"的专刊,从经济学、医疗学、环境安全以及物联网等多方面讨论、分析大数据的来源、用途、前景,并给出了未来所面临的挑战。在 2011 年,另一国际顶级期刊 *Science*,利用"大数据处理"的专刊,进一步讨论分析了大数据时代各个领域所面临的机遇与挑战。此外,国际著名出版社的电气和电子工程协会(Institute of Electrical and Electronics Engineers,IEEE)针对大数据新增期刊 *IEEE Transactions on Big Data*,主要刊登与大数据相关的科研成果。在国内,《软件学报》于 2014 年也成功举办了面向大数据的专刊。2017 年,清华大学围绕云计算、大数据分析和高性能计算框架等相关课题,成功举办了科研论坛,深入讨论了学术难题及未来面临的科学问题。

大数据也为工业界带来了广泛的影响。首先是 Google 公司,可以说在多年以前就对大数据进行了深入的研究,具体体现在并行计算框架上。Google 公司提出的 MapReduce 模式,成为并行计算研究的热点,现在已经成功应用到许多领域。另外,沃尔玛、百度、IBM、腾讯、京东商城、阿里巴巴等国内外知名企业也在使用、研究、发展大数据,甚至已经带来了非常客观的经济利益。其中,沃尔玛作为世界著名连锁公司,通过其旗下 8 500 个门店,每天向全世界顾客销售至少 3 亿件货物,在其集团大型数据库系统中,数据量已经超过 4PB。百度每月要处理PB 级别的数据,阿里巴巴每天的交易数据也在 TB 量级。

大数据的发展引起了世界上许多国家的密切关注。2012 年美国政府开展了"大数据调查与发展干预",并为其投资两亿美元鼓励大数据的研究,从政府角度干预、指导大数据的发展方向。我国政府也高度重视大数据的发展,国务院在 2015 年 8 月印发了《促进大数据发展行动纲要》(国发〔2015〕50 号),从国家角度规划了国内大数据的发展方向,积极推动大数据在各个领域蓬勃发展,百花齐放,从而促进产业创新,助推经济转型。

在研究大数据之前,首先应了解大数据的特征。Biswas R 在 2015 年指出大数据应该符合以下四个特征,如图 1.1 所示。

图 1.1 大数据的四个特征

(1)数量巨大(Volume)。数据量上的要求,是大数据的首要特征,只有足够多的数据,才能提取更有价值,人工无法找到的知识和规律,从而有力推动生产、社会、经济等各方面的快速发展。例如,物联网相关的数据在 2013 年就到达了 ZB 的数量级;大型强子对撞机每年会产生 15PB 的相关数据,为探索新的粒子做出了不可磨灭的贡献。

(2)种类繁多(Variety)。大数据在结构、格式、形态等方面多种多样,可能涉及多媒体、网页日志、设备运行和地理信息等各个领域的结构化、半结构化以及非结构化的数据。

(3)处理神速(Velocity)。对速度提出的要求是大数据的又一特征,大数据的快速一方面是数据产生的速度非常快,由于网络、科技的不断发展,许多行业的数据以井喷式产生,并且更新超快;另一方面是数据处理速度非常快,在很多领域,数据处理速度直接影响数据的价值。

(4)数据真实(Veracity)。建立在真实、准确数据之上的决策,才更有价值,因此,数据的真实性是大数据必不可少的特征。

1.1.2　大数据挖掘

随着大数据的蓬勃发展,传统的数据处理技术已经不能适应大数据的要求,遭遇了许多技术难题,急需寻找一种有效、可扩展和灵活的数据分析技术来实现大数据的处理。数据挖掘是专门针对海量数据提出的一种知识发现技术,它可以被看作是信息技术的自然进化产物,实现了相关学科同应用领域的融合,能较好地适应大数据的发展。

数据挖掘就是从海量、高维、复杂甚至是带噪声的数据中提取有价值的知识、潜在的未被人类掌握的规律,其挖掘结果可用于智能决策、生产控制、过程分析、信息管理等方面。数据挖掘通常涉及数据清理、数据集成、数据选择、数据转换、模式发现、模式评估和知识表示等方面,其挖掘流程如图1.2所示。传统数据挖掘的研究内容主要有以下几类。

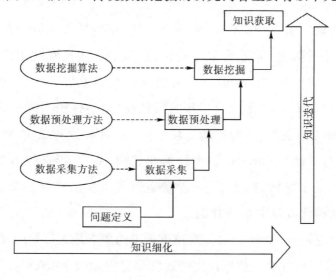

图1.2　数据挖掘流程图

1. 分类

分类是描述数据类别的一种数据分析模型。这样的模型,称为分类器,可以针对离散、无序的数据进行预测分类。例如,针对银行贷款申请,可以建立一个分类模型,将各种申请划分为安全申请或风险申请。经过划分之后,为银行工作者做出正确判断提供依据,从而减少贷款风险。数据分类可分为两步,即学习和分类。其中学习用于构建分类模型,分类是利用构建好的分类模型对给定数据的类别进行预测。

在第一步中,通过一组带有类别标签的数据集建立分类器。这是学习步骤,或称为训练阶段,分类算法是在训练集上进行分析或学习,从而构建分类器,其中训练集由数据元组(即对象)及其相应的类别标签组成。元组 X 由 n 维属性向量 $X=(x_1,x_2,\cdots,x_n)$ 表示,这一向量代表着元组 X 在 n 个数据属性 $(A_1,A_2,\cdots,A_n)$ 上进行的测量。类别标签是另外的一个属性,由无序离散值组成,每个值被当作一个类别,用于元组之间的区分。元组 X 的类别已知,属于类别标签属性中的一种。这一步属于有监督学习,所有带有类别标签的元组形成了训练集。如果事先不知道训练集中元组的类别,则需要根据元组之间的相似性或者采用聚类的方法,对不同类型的元组进行划分,使其获取相应的类别标签,从而形成训练集,这一种模式属于无监督学习。

第二步是在上一步分类器的基础上,对待处理数据进行分类,其首要任务是对分类器的预测精度进行评估。由于训练集不能完全描述待分类数据集,因此准确性评估不能在训练集上进行,应该给定一个测试集。测试集由测试元组及其相应的类别标签组成,它独立于训练元组,不用于构造分类器。分类器的精度被定义为,测试集中对象被该分类器正确划分的百分比,即每个元组自带分类标签与分类器计算所得分类标签相比较,一致则认为分类正确,不一致则被判定划分错误。如果分类器的精度被认为是可接受的,则该分类器被用于划分未知类型的元组数据。

在机器学习、模式识别和统计中,研究人员已经提出了许多分类方法,例如,基于决策树的方法、基于支持向量机的方法、贝叶斯方法、k 近邻方法、人工神经网络以及回归分析方法等等。而在实际应用中,经常会遇到海量高维数据、非均衡数据,甚至是噪声数据、无标号数据和多类别数据的混合数据,导致数据关系非常复杂,为数据的分类加深了难度,同时也为分类方法的研究提出了新的挑战。

2. 聚类

聚类是将一组数据对象分组成多个组或簇的过程,使得组内的对象具有很高的相似性,但与其他组中的对象具有显著差别。对象之间的相似性通过对象的属性值来描述,且经常采用对象之间的距离来度量。由聚类分析对数据对象进行划分,得到一个个分组或子集,这些子集被称为聚簇。数据的划分不是由人工手动完成,而是由聚类算法执行。因此针对同一数据集,不同的聚类方法可能产生不同的聚簇,这可能导致在数据集中发现先前未知的组。

聚类分析已广泛应用于商业智能、图像模式识别、Web 搜索、生物和安全等许多应用领域。在商业智能中,聚类分析可以将大量的客户划分成多组,其中组内的客户具有强烈的相似特性。这有利于加强客户关系的管理、制定业务、推广策略。在图像识别中,聚类分析可用于检测手写字符识别系统中的聚簇或子类。聚类在 Web 搜索中同样应用广泛。例如,基于关键字的网页搜索通常返回的是与关键字相关的大量页码,这些网页由于数量非常庞大,导致难以阅读。而采用聚类分析可以将搜索结果划分成小组,并以简洁且易于访问的方式呈现给读者。另外,也可以将文档聚类成主题,这些主题通常被用于信息检索中。

聚类分析算法大体可以分为划分聚、层次聚、密度聚以及模型聚等

4 类。基于划分的聚类是常用的方法,典型算法有 k-means 算法、K-modes 算法和模糊聚类算法。层次聚类是通过合并数据点或划分超聚类而获得合理的聚类结果,可分为凝聚和分裂两种方式,主要算法有二进制聚类和粗粒度聚类。密度聚类是通过密度方式来度量对象之间的相似性,即通过数据密度来检测或定义聚簇,代表算法有 GDILC 和 SGC 算法。模型聚类是事先假定数据服从特定的分布,然后将数据与理想模型之间进行匹配,从而实现数据的划分,该类聚类主要包括基于统计学的聚类和基于神经网络的聚类。

3. 关联规则

关联规则是用于探索对象特征之间的相关性,可看成是属性与属性之间特定关系的检测,从而发现潜在的一些规律,用于指导生产或社会实践。最初的关联规则来源于购物篮的分析,用于探索顾客在购买商品时的一些习惯。关联规则的挖掘主要分成两步,第一步是频繁模式的挖掘,第二步是关联规则的产生。第一步是主要步骤,因此关联规则挖掘有时也称为模式挖掘。频繁模式挖掘,旨在发现频繁出现的、显著区别于其他特征的模式集,它能揭示一些固有的和有价值的规律。频繁模式可以是项集、子序列、子结构或值。

典型的频繁模式挖掘主要有 Apriori 算法和 FP-Growth 算法。Apriori 算法由于具有直观、简单、容易实现等特点,很多学者对其做了深入的研究。但 Apriori 算法不可避免地多次扫描数据集,因此不适用于高维数据,这是 Apriori 算法的瓶颈,一直未能有效解决。FP-Growth 算法是一种不产生候选项目集的方法,将所有频繁模式映射到一棵树上,称为频繁模式树。一方面 FP-Growth 算法只需扫描两次数据集就可以提取所有的频繁模式;另一方面,该算法避免了项目集的指数级增长,有效提高了关联规则挖掘效率。因此,多数学者主要针对 FP-Growth 算法展开研究,代表性算法有 FIUT 算法、CD 算法、PDM 算法以及 FiDoop 算法等等。

频繁模式挖掘作为数据挖掘的一个主要任务,应用非常广泛。除了传统的购物篮分析以及潜在规律发现之外,在许多数据密集型应用中,模式挖掘作为预处理被广泛用于噪声过滤和数据清洗。频繁模式挖掘还有助于发现隐藏在数据中的固有结构和聚簇,也可以有效地用于高维空间中的子空间聚类。另外,在分析时空数据、时间序列数据、图像数据、视频数据和多媒体数据方面,频繁模式挖掘起着非常重要的作用。

4. 离群数据挖掘

离群数据挖掘,也称为离群点检测或异常检测,是寻找与一般对象显著不同的特殊数据对象的过程。这些特殊对象被称为离群点或异常。假设一组数据对象是由某一统计过程产生的,离群数据是一个特殊数据对象,它明显偏离于其他对象,好像它是来源于另一个不同的统计过程。为了便于介绍,将不属于离群的数据对象称为正常数据或预期数据,类似地,将离群称为异常数据。

由于对离群数据的度量不同,产生了形形色色的离群挖掘算法,大体上可分为基于距离的离群挖掘、基于近邻的离群挖掘、基于子空间的离群挖掘等三类。基于距离方法的主要思想是,通过计算每个对象同数据集中其他对象之间的距离来发现异常点。基于近邻的离群数据检测的主要思想是,通过计算查询点与其最近邻居之间的距离来比较数据对象之间的相似性,并以此来判断对象的离群特性。基于子空间方法的主要思想是,通过搜索子空间来检测异常值。

离群数据挖掘在许多应用中是非常重要的,例如欺诈检测、医疗保健、公共安全、工业损伤检测、图像处理、传感器/视频网络监视以及网络入侵检测等等。例如,计算机网络中的入侵检测。如果计算机的通信行为与正常模式明显不同(比如大量的软件包在短时间内被广播),

那么该行为可以被认为是离群数据,相关的计算机可能正遭受着黑客的攻击。另一个例子是,在交易事务审计系统中,不遵循规则的交易被认为是离群数据,这些交易应该被标记并进行深入审查。

1.1.3 主要应用领域

数据挖掘的研究方兴未艾,具有非常广阔的前景。面向对象数据库、分布式数据库、文本数据库等的数据挖掘,贝叶斯网的兴起,面向多策略和合作的发现系统,结合多媒体技术的应用等等都是新的研究方向。数据挖掘原型系统和商业软件已开始在多方面得到应用。

(1)客户分析。在银行信用卡和保险业中,确定有良好信誉和无不良倾向的客户是经营成功与否的关键。数据挖掘可以从以往的交易记录"总结"出客户这些方面的信息。

(2)客户关系管理。数据挖掘可以识别产品使用模式或协助了解客户行为,从而可以改进通道管理(channel management)。例如,适时销售(right time marketing)就是基于可由数据挖掘发现的顾客生活周期模型来实施的一种商业策略。

(3)零售业。数据挖掘对顾客购物篮数据(basket data)的分析可以协助货架布置、确定促销活动时间和促销商品组合以及了解畅销和滞销商品状况。

(4)产品质量保证。通过对历史数据的分析,数据挖掘可发现某些不正常的数据分布,暴露制造和装配操作过程中出现的问题。

(5)Web 站点的数据挖掘。电子商务网站每天都可能有上百万次的在线交易,生成大量的记录文件和登记表,可以对这些数据进行分析和挖掘,充分了解客户的喜好、购买模式,甚至是客户的一时冲动,设计出满足不同客户群体的个性化网站,甚至从数据中推测客户的背景信息,进而增加其竞争力。

另外,在各个企事业部门,数据挖掘在假伪检测、风险评估、失误回避、资源分配、市场销售预测和广告投资等方面都可以发挥作用。在国外，数据挖掘已应用于银行金融、零售批发、制造、保险、公共设施、行政、教育、通信和运输等多个行业部门，并且已经出现了许多数据挖掘和知识发现系统。例如：Quest 是由 IBM Almaden 研究中心开发的数据挖掘系统，它可以从大型数据库中发现关联规则、分类规则、时间序列模式等；DBMiner 是加拿大 Jiawei Han 教授领导的小组开发的一个数据挖掘系统；SKICAT 系统是由 U. M. Fayyad 等人开发的知识发现系统，它将图像处理、数据分类、数据库管理等功能集成在一起，能够自动地对数字图像进行搜索和分类；KEFIR(Key Finding Reporter)是由 GTE 实验室开发的一个知识发现系统；等等。

1.2 离群数据挖掘方法

离群点检测是寻找与期望相差很大的异常对象的过程，这些对象被称为离群点或异常。离群点检测在许多应用中非常重要，例如欺诈检测、网络异常识别、交通运输异常值入侵检测等等。现有的离群点检测方法可分为基于聚类的方法、基于距离的方法、基于子空间的方法、基于统计的方法、基于近邻的方法等等。

1.2.1 何为离群

Hawkins 在 1980 年给出了离群数据的最初定义："离群数据是数据集中一些特殊的数据对象，这些对象同数据集中其他对象明显不同，从而使人怀疑这些特殊的数据对象不属于随机误差或方差，可能由另一种截然不同的机制产生。"例如，在图 1.3 中，大多数对象遵循近似高斯分布。然而，区域 R 中的对象是显著不同的，因为它们不可能遵循与数据集中的其他对象相同的分布。因此，R 中的对象在数据集中是离群数据。该定义在某种程度上指出了离群数据的本质，长期以来被研究者引用，但是归根结底它是一个不严谨的定义。事实上，由于应用背景以及离群度量方式的不同,无法形成一个统一的、准确的离群数据形式化定义。

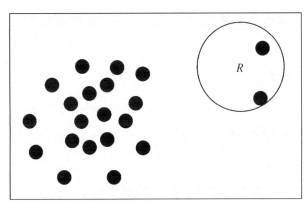

图 1.3 离群数据

离群数据不同于噪声,噪声是测量变量中的随机误差或方差。一般来说,噪声在数据分析中,其至在离群检测中是没有价值的,反而带有一定的副作用。例如,在信用卡欺诈检测中,客户的购买行为可以被构建成一个随机变量。顾客有时会产生一些噪声交易,例如购买了比平常更多的午餐或者喝一杯比平常多的咖啡,这些交易看起来像是随机误差或方差,但是这样的交易不应被视为离群数据。如果将这些噪声视为离群,信用卡公司会因为核实许多交易而付出巨大的代价,另外该公司也可能会因为多重错误警报而打扰客户。正如在多数其他数据分析中一样,噪声应该在离群数据挖掘之前被去除。

离群点检测和聚类分析是两个高度相关的任务。聚类分析发现数据集中的相似模式并将其组织成聚簇,而离群数据挖掘同聚类分析正好相反,它旨在发现不相似对象,试图捕捉那些偏离多数模式的例外情况。离群点检测和聚类分析有着不同的用途。

离群数据挖掘与数据演化中的新颖性检测有关。例如,在监测新内容进入的社交媒体网站时,新颖性检测可以及时地识别新的主题和趋势。新颖的主题最初可能表现为离群值,在这点上,离群数据挖掘与新颖性检测在建模和检测方法上具有一定的相似性。但是,两者具有本质差异,其中一个关键区别是,在新颖性检测中,新主题一旦被确认,它将被纳入正常行为的模型中,使得后续相近主题或行为不再被视为离群数据。

1.2.2　离群数据类型

在不同应用场合,用户所关注的角度是不同的,离群数据也体现出了不同的特性及用途,大体可分成全局离群数据、条件离群数据以及集体离群数据等三类。

在给定的数据集中,如果数据对象显著偏离数据集的其余部分,则数据对象是全局离群。全局异常值有时被称为点异常,它是最简单的异常类型。大多数离群数据挖掘方法主要是检测全局离群。为了检测全局离群,一个关键的问题是能否找到适合该应用问题的偏差度量方法。因此,学者们提出了各种各样的离群度量,相应地出现了许多离群数据挖掘方法,详见1.2.3节。全局异常检测在许多应用中是重要的。例如,计算机网络中的入侵检测。如果计算机的通信行为与正常模式明显不同,比如,大量的软件包在短时间内被广播,那么该行为可以被认为是全局离群,相关的计算机可能正遭受着是黑客的攻击。另一个例子是,在交易事务审计系统中,不遵循规则的交易被认为是全局离群,这些交易应该被标记并进行深入审查。

在给定的数据集中,如果数据对象在一定的条件下才产生显著的偏离,那么数据对象是条件离群数据,属于局部离群范畴,其中条件一般蕴含在数据的上下文中。因此,在条件离群挖掘中,上下文信息必须成为问题定义的一部分。例如,"今天的气温是30℃"。它是否是离群数据,这取决于该数据所产生的时间和地点。如果该数据产生在北京的冬天,那么它是一个离群数据。如果该数据产生在北京的夏天,那么它是一条正常数据。因此,今天的温度值是否为离群数据取决于该数据的上下文信息——数据、位置和可能的其他因素。通常，将条件离群中的属性划分成条件属性和行为属性。条件属性定义对象的上下文，行为属性定义了对象的特性，用于评估对象在其条件属性上是否为离群数据。在温度示例中，条件属性是日期和位置，行为属性可以是温度、湿度和压力。

给定一个数据集，如果对象作为整体偏离了整个数据集，那么数据对象的子集形成集体离群数据。值得注意的是，单个数据对象可能不是离群。在图 1.4 中，作为一个整体的黑色对象就是集体离群数据，因为这些对象的密度远高于数据集中的其余部分。然而，单个黑色对象相对于整个数据集不是离群数据。

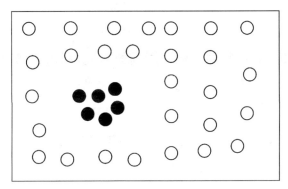

图 1.4　集体离群数据

1.2.3　典型的离群挖掘方法

离群数据挖掘方法多种多样，本节主要介绍基于距离的离群、基于近邻的离群以及基于子空间的离群等三种方法。

基于距离的离群挖掘方法，最早由 Knorr 提出，其思想是假定 X 为输入数据集，p 是用户设定的数据点个数，D 为距离阈值。对于 X 中任一对象 o，如果在 X 中能找到至少 p 个对象使得这些对象到 o 的距离大于 D，那么 o 被称为 $DB(p, D)$ 离群数据。该类离群可由多种算法加以实现，比如，基于索引的算法、基于嵌套循环的算法以及基于网格单元的算法。该类算法的核心步骤是需要反复计算对象与对象之间的距离,因此,具有较高的时间复杂度。一种特殊的基于距离的离群挖掘是提出密度的概念,采用密度来判断离群,主要应用在局部离群数据检测。当数据集中数据分布不均衡时,必然出现稠密区域和稀疏区域,采用传统距离的方法很难找到稠密区域附近的离群数据,为此,Breunig 提出了 LOF 算法,即采用局部离群因子度量数据的离群程度。在给定距离阈值 MinPts 的基础上,数据对象 p 的局部离群因子可采用以下公式定义:

$$LOF_{\text{MinPts}(p)} = \frac{\sum_{o \in \text{MinPts}(p)} \dfrac{\text{lrd}_{\text{MinPts}}(o)}{\text{lrd}_{\text{MinPts}}(p)}}{|N_{\text{MinPts}}(p)|} \tag{1-1}$$

式中,$|N_{\text{MinPts}}(p)|$ 表示与对象 p 之间的距离小于 MinPts 阈值的对象个数;$\text{lrd}_{\text{MinPts}}(p)$ 表示数据对象 p 周围的密度,利用近邻对象到 p 的平均距离的倒数来计算。LOF 算法引起很多学者的关注,并提出了一系列 LOF 扩展模型。例如,不确定的局部离群因子(ULF);柔性核密度估计(KDEOS);基于存储的增量式局部离群检测算法。这些算法在固定的存储器边界内检测离群,在提高算法效率的同时保证了离群结果的准确性接近于 LOF 算法。

基于近邻的离群检测方法,通过计算查询点与其最近邻居之间的距离来比较数据对象之间的相似性,并以此来判断对象的离群特性。该类方法可以看成是基于距离或基于密度方法的扩展,能适用于海量高维的数据特征,可用于天体光谱、物联网、医学等应用领域。基于近邻的方法主要有局部邻域度量方式和 k 最近邻度量方式。基于局部邻域的度量是通过判断查询点在指定邻域范围内数据对象的稀疏度来确定离群点,即给定一个稀疏度阈值 k,如果邻域内的对象数小于 k 个,则认为该查询点是离群数据,反之,是正常数据。基于 k 近邻方式,即 kNN(k - Nearese Neighbor)是指对于参数 k 和 n,计算每个数据点 k 个近邻的距离之和,从中选出 n 个最大值,其对应的 n 个数据点为离群数据。典型算法包括:基于邻域度量的方法来检测属性邻域的离群数据,解决了面向图的异常检测问题;基于 k 近邻度量离群度的方法,该方法不可避免地多次扫描数据集,因而不适用于大规模的数据运算;两段算法 RBRP,通过循环嵌套算法减少 I/O 操作次数;可扩展的 Top-N 局部离群检测算法,采用密度感知索引结构不仅实现了数据的剪枝,而且加快了 kNN 的搜索;基于快速 k 近邻的最小生成树离群检测方法,该方法可以检测多种类型的离群数据;基于反向近邻的无监督离群检测方法,通过检测出现在近邻集中的频率来度量离群,该方法只适用于无监督的学习,不能扩展到有监督和半监督的场景中。

基于子空间方法,是通过搜索子空间来检测异常值。多数传统算法是从数据集的全维空间中来检测离群数据,但随着海量、高维数据的涌现,从部分属性上检测离群数据具有更高的价值。通常情况下,高维空间中的数据对象是稀疏的,因而源于部分维度而不是源于整个空间的离群数据是更加精确、有意义的。这一问题可以通过将数据集映射到子空间来解决。基于子空间的离群数据检测方法按照度量方式可被分为两类:相关子空间投影方法和稀疏子空间投影方法。基于相关子空间投影的方法是通过构造有意义属性维的相关子空间来检测离群数据。现有的构造相关子空间的方法主要有线性相关策略和统计模型策略。第一类策略使用两个局部参考数据集之间的线性相关性来创建子空间,而基于统计模型的策略通过在局部参考数据集上应用统计模型来建立子空间。基于稀疏子空间投影的方法是通过用户给出的稀疏系数阈值来测量子空间的密度,将数据密度(即数据集中的对象个数)明显低于平均值的子空间定义为稀疏子空间,离群数据就是包含在稀疏子空间中的对象。例如,可将高维数据对象映射到多个低维子空间,从子空间中利用遗传算法搜索满足条件的离群数据,该算法提高了离群数据检测的效率,但不能保证离群结果的完备性和准确性。为了解决这一问题,有人提出面向离群检测的交叉、变异算子,并使用改进的遗传算法搜索子空间。

1.2.4　应用领域

离群数据挖掘在电信和信用卡欺骗、贷款审批、气象预报、金融领域、客户分类、网络安全、电信业、零售业、天文物理、机械故障诊断等方面有着广泛应用。

(1)金融领域。银行和金融机构都提供丰富多样的储蓄、信用、投资、保险等服务。它们产生的金融数据通常比较完整、可靠,这对系统化的数据分析和数据挖掘相当有利。在具体的应用中,采用多维数据分析来分析这些数据的一般特性,观察金融市场的变化趋势;通过特征选择和属性相关性计算,识别关键因素,进行贷款偿付预测和客户信用分析;利用分类和聚集的方法对用户群体进行识别和目标市场分析;使用数据可视化、链接分析,分类、聚类分析,离群数据分析,序列模式分析等工具侦破洗黑钱和其他金融犯罪行为。

(2)网络安全。网络的发展向人们提出了新的课题——网络安全。作为网络安全的重要组成部分的入侵监测技术引起了越来越多的研究人员的关注,人们从不同的角度出发研究针对网络攻击的解决方案。离群数据挖掘技术的应用使得这一课题有了新的解决方法,并取得了较好的效果。

(3)电信业。现在的电信业已不再单纯地提供市话和长话服务,它的业务范围涵盖语音、传真、寻呼、移动电话、图像、E-mail、计算机和Web数据传输,以及其他数据通信服务。随着电信业的开放和相关技术的发展,电信市场正在迅速扩张且竞争越发激烈,此时,利用离群数据挖掘技术来帮助捕捉盗用行为、发现异常客户使用规律、更好地利用资源和提高服务质量是非常有必要的。

(4)零售业。零售业是数据挖掘的主要应用领域,这是因为零售业积累了大量的销售数据,如顾客购买历史记录、货物进出、消费与服务记录以及流行的电子商务等等都为数据挖掘提供了丰富的数据资源。零售业数据挖掘有助于划分顾客群体,使用交互式询问技术、分类技术和预测技术,更精确地挑选潜在的顾客;识别顾客购买行为,发现顾客购买模式和趋势,分析消费极高或极低的消费者的消费行为,寻找描述性的模式,以便更好地进行市场分析等等。

(5)天文物理。数据挖掘技术的作用在天文学中已经得到充分的肯定。利用离群数据挖掘技术在海量天文数据中寻找稀有的未知类型天体很可能会收到意想不到的结果。假设宇宙中的确存在未知的天体或天文现象,而且可以在已有的数据中探测到,那么在大范围内进行彻底的无偏差的多波段的宇宙探测将可以发现它们,从而在未探索的参数空间中系统地寻找离群数据可以发现一些特殊天体,其中一些结果便可能是新天文现象的原型。

(6)机械故障诊断。数据挖掘在对海量数据进行关联规则、分类和预测、聚类等分析上显示出强大的生命力,尤其是在人的分析和分辨能力不能胜任高维的海量数据方面。因此,将数据挖掘技术与设备状态的监测和故障诊断相结合,有利于突破传统状态监测和故障诊断系统知识获取的瓶颈,使整个系统的开发和应用进入一个崭新的发展阶段。由于监测系统固有的复杂性和重要性,数据挖掘的应用进程相对比较缓慢,并且应用范围窄、规模小,主要集中于仿真、试验阶段,真正大规模的系统应用还未出现。但是,已经有众多的企业和研究机构在这方面进行了尝试和努力。英国 Leeds 大学研究基于数据挖掘和知识发现技术的化工过程的运行监测和过程控制问题,并在工况辨识及运行优化方面取得了一定进展。国内宝钢的 Practical Miner 2.0 用于配矿以及热轧质量控制中,并有初步的应用成果报道。

过去,各种智能诊断方法(如神经网络、模糊逻辑等)在状态监测与故障诊断中只有具体的使用,并没有一个完整的体系将各种方法分类和融合,缺乏一个统一的客观信息挖掘过程模型。现在,数据挖掘理论将现有的各种先进方法和算法进行了一次有效的整合,明确了整个信息挖掘的体系、功能和过程,使整个过程变得清晰、明确、易于实施。数据挖掘与传统的科学方法(在假设和理论的指导下进行数据分析)不同,它是一种在数据驱动下发现已有理论不能预测模式的新方法,它在工业设备状态监测和故障诊断系统的开发和应用中有广阔的应用前景。可以相信,随着理论研究和实际应用的逐步深入,数据挖掘理论必将促使现代工业设备状态监测和故障诊断技术进入一个新的发展阶段。

1.3 集群系统与并行计算模型

数据挖掘虽然针对庞大数据进行处理,但由于数据增长过于迅速,传统的串行数据挖掘算法,受到单机计算机硬件的限制,已无法适应数据的膨胀速度。一种简单有效的处理方法是增加多台计算设备,设计并开发高性能的并行算法,因而集群系统受到数据挖掘相关学者的青睐。

集群系统是一种并行处理系统,它是由许多廉价的独立计算机通过网络连接而形成的一个系统,网络内的计算机协同工作,共同完成一个或一组任务。从整体上看,集群系统可以看成是一个独立的计算资源,但它可以提供非常强大的数据计算处理能力。集群系统发展迅猛,主要因为:第一,网络的高速发展使得集群内部节点之间能快速通信;第二,由摩尔定律得出 CPU 硬件的发展无法满足日益增长数据的处理需求;第三,廉价的计算机硬件是集群系统产生、发展的必要条件;第四,集群系统的高扩展性是各种大型机器无法实现的。

集群系统奠定了大数据并行处理的硬件基础,软件层面需要寻求高效的并行计算模型以及建立在模型基础之上的并行计算平台,最后才是并行算法的设计开发。并行计算模型的发展经历了共享存储模型、分布存储模型以及分布共享存储模型等 3 个阶段。共享存储模型是以 CPU 的计算为中心，多个处理器共用一个主存储器，是早期的并行计算模型；分布存储模型是以数据之间的通信为中心，将 CPU 的计算与数据的通信加以区分；分布共享存储模型将重点聚焦在数据访问上，物理上实现分布式存储，而访问时又实现了共享主存。而面向大数据的并行计算模型主要有 MPI 模型、Dryad 模型、Pregel 模型、MapReduce 模型等等。

1.3.1　MapReduce 模型

MapReduce 模型是最初由 Google 提出的适用于海量数据处理的并行编程模型，可在数千台计算机组成的集群系统上运行并行程序。它主要包括 Map 和 Reduce 两大块，其主要思想来源于编程语言，因此，该模型的操作简单，能较容易地将串行程序转换到并行系统上运行。MapReduce 内部集成了功能强大的并行计算框架，如图 1.5 所示，它能实现数据的自动划分、计算任务的自动分配以及计算结果的自动回收，将数据的分布存储、节点的自主通信等底层复杂任务全部转交给系统处理，减轻了程序的负担。

MapReduce 主要提供了以下功能：

(1)数据划分和计算任务调度。系统自动将一个作业(Job)待处理的大数据划分为很多个数据块，每个数据块对应于一个计算任务(Task)，并自动调度计算节点来处理相应的数据块。作业和任务调度功能主要负责分配和调度计算节点，同时负责监控这些节点的执行状态，并负责 Map 节点执行的同步控制。

(2)数据/代码互定位。为了减少数据通信，一个基本原则是本地化数据处理，即一个计算节点尽可能处理其本地磁盘上所分布存储的数据，这实现了代码向数据的迁移；当无法进行这种本地化数据处理时，再寻找其他可用节点并将数据从网络上传送给该节点(数据向代码迁移)，但将尽可能从数据所在的本地机架上寻找可用节点以减少通信延迟。

（3）系统优化。为了减少数据通信开销，中间结果数据进入Reduce节点前会进行一定的合并处理；一个 Reduce 节点所处理的数据可能会来自多个 Map 节点，为了避免 Reduce 计算阶段发生数据相关性，Map节点输出的中间结果需使用一定的策略进行适当的划分处理，以保证相关性数据发送到同一个 Reduce 节点；此外，系统还进行一些计算性能优化处理，如对最慢的计算任务采用多备份执行、选最快完成者作为结果等等。

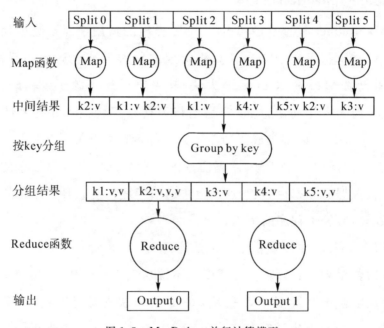

图 1.5　MapReduce 并行计算模型

（4）出错检测和恢复。以低端商用服务器构成的大规模 MapReduce计算集群中，节点硬件（主机、磁盘、内存等）出错和软件出错是常态，因此MapReduce 需要能检测并隔离出错节点，并调度分配新的节点接管出错节点的计算任务。同时，系统还将维护数据存储的可靠性，用多备份冗余存储机制提高数据存储的可靠性，并能及时检测和恢复出错的数据。

1.3.2　Hadoop 并行计算平台

Hadoop 是 Apache 开发的分布式文件系统架构,实现了 MapReduce 计算框架,属于开源软件。Hadoop 主要包括两大块,即 Hadoop 分布式文件系统(Hadoop Distributed File System,HDFS)和 MapReduce。HDFS 是分布式文件系统的简称,可将海量数据部署在低廉的集群节点上,具有高吞吐量、高容错性的优势,适用于超大数据集的数据分析。除此之外,Hadoop 还有其他的产品,比如 Pig、Hive、HBase 等等,具体的生态圈如图 1.6 所示。

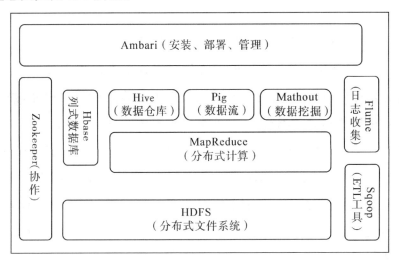

图 1.6　Hadoop 生态圈

HDFS 由多个数据节点(DataNode)和主节点(NameNode)组成,DataNode 用于存储数据,而 NameNode 主要功能是给 DataNode 分配数据,并监控、维护元数据。存储在 HDFS 中的文件被划分成大小相等的数据块,然后将这些数据块传递到多个集群节点中(DataNode),块的大小(默认值为 64MB)在创建文件时由用户设定。NameNode 控制所有文件操作。HDFS 内部的所有通信都基于标准的 TCP/IP 协议,数据的传输过程如图 1.7 所示。

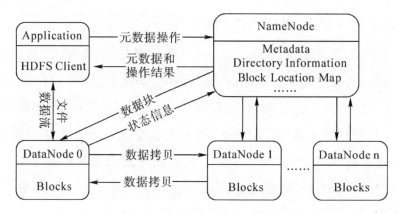

图 1.7　Hadoop 分布式文件系统

HDFS 已成为流行的文件系统,具备以下 5 个特征:①面向大数据文件,HDFS 适用于 TB 级别的大文件或者许多大数据文件的存储;②文件分块存储,HDFS 针对完整的大文件进行等大小数据划分,并将其存储到集群的不同数据节点上,在读取数据的时候,同时从多个数据节点执行读操作,提高读取效率;③流式数据访问,一次写入多次读写;④廉价硬件,HDFS 可以应用在普通 PC 机上,数十台廉价的 PC 机就能构建大型集群;⑤数据副本备份,HDFS 将同一数据块备份到不同的数据节点上,主机一旦失效,无法读取数据时,将能快速读取副本数据并执行相应程序。

1.3.3　Spark 并行计算平台

继 Hadoop 之后,Spark 凭借其先进的设计理念和与 Hadoop 平台的兼容性,不论在研究领域还是在生产领域已经出现逐步替代 Hadoop 的趋势。在前面对 Hadoop 的介绍中,我们知道 Hadoop 通过 HDFS 读写和管理数据,由此引入了大量的磁盘 I/O 和网络 I/O,且 HDFS 采用了如图 1.8 所示的多副本方式进行数据容错,这更突出了 Hadoop 的 I/O 瓶颈。此外,当 Hadoop 面对复杂的挖掘任务时,往往需要串接多个 MapReduce 作业才能完成,由此会造成多个作业之间的数据交互导致的冗余的磁盘读写开销和资源的多次申请，这使得基于 MapReduce 的算法遭遇了更为严重的性能瓶颈。而 Spark 作为大数据分析处理的后起之秀，凭借其基于内存的计算模式和有效的容错机制等优势，可以自动调度复杂的计算任务，避免中间结果的磁盘读写和资源申请过程，非常适合复杂的数据挖掘算法。Spark 由 Berkeley 的研究人员提出，其在论文中描述，对一些数据密集型的计算，比如 Logistic Regression，Spark 运行速度比 Hadoop 快了 40 倍左右。对于很多迭代程序来讲，该方法可以使数据通过内存来进行交互，大大加快了任务的运行速率。

　　Spark 采用 Scala 语言实现，集成面向对象和函数式编程的各种特性，且 Scala 运行在 Java 虚拟机之上，可以直接调用 Java 类库，为数据处理提供了独一无二的环境。Spark 通过构建弹性分布式数据集（Resilient Distributed Dataset，RDD）提供基于内存的集群计算。RDD 是分区的、只读的、不可变的并能够被并行操作的数据集合，可以从 HDFS 上读取得到，也可以通过在其他 RDD 上执行确定的转换操作（如 map、filter、group by 等）得到。RDD 保存的并不是真实的数据，而是一些元数据信息，即该 RDD 是通过那些 RDD 上附加什么操作得到的。因此，RDD 的这些特性使其实现容错的开销很低，仅需要通过 lineage 来重新生成丢失的分区。

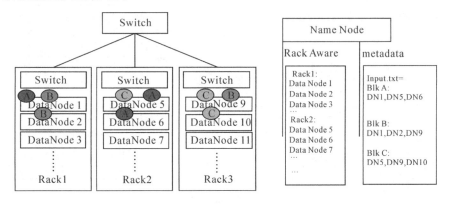

图 1.8　Hadoop 数据放置策略

Spark 提供了丰富的数据集操作类型,使用户对 RDD 的使用可以像操作本地数据一样,不像 Hadoop 只提供了 Map 和 Reduce 两种操作,这种多样化的数据集操作类型,给开发上层应用的用户提供了方便。这些操作被分为两大类,即动作(Actions)和转换(Transformations)。Actions 是在 RDD 上进行计算后返回结果给驱动程序或写入文件系统,Transformations 是将现有的 RDD 转换返回一个新的 RDD。其中,Transformations 是延时执行(lazy)的,即采用的是懒策略,如果只是提交 Transformation 是不会提交任务来执行的,只有在 Action 提交任务时才会被触发。这个设计思想让 Spark 运行更加有效。RDD 的一系列操作使 RDD 之间的依赖形成一个有向无环图 DAG,DAGScheduler 根据 DAG 的分析结果将一个作业分成为多个 Stage。

图 1.9 所示为 Spark 的集群架构,由图可以看出,Spark 集群中存在两种角色,即驱动程序 Driver 和工作结点 Worker。Driver 通过 SparkContext 对象作为程序的入口,在初始化过程中集群管理器会创建 DAGScheduler 作业调度和 TaskScheduler 任务调度。在执行阶段,Driver 将执行代码传给各个 Worker,Worker 对相应分区的数据进行实际的并行计算,并将计算后的 RDD 数据集缓存在本地内存中。

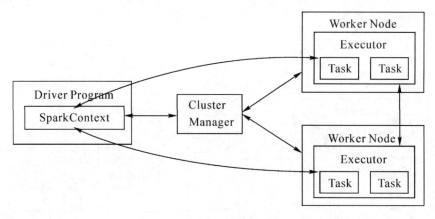

图 1.9　Spark 集群架构

Spark 有逐渐取代 Hadoop 的趋势,那么 Spark 与 Hadoop 相比有哪些优势呢?

(1)Spark 更适合计算,尤其是数据能多次重用的计算。Spark 的该特性得益于其内部的数据存储抽象——RDD,一个弹性的数据集,该数据集从产生到销毁,其生命周期内一直生活在内存中,因此读写效率很高,当计算数据需要被多次重用时,其运行效率的提升更为突出。

(2)Spark 普适性更高。Spark 除具有 Hadoop 的 map 和 reduce 操作外,还提供了其他丰富的数据类型转换函数。比如 filter 可以对 RDD 的数据进行条件过滤;sortby 可以根据某一条记录的某一个字段对 RDD 进行排序;groupby 可以根据记录中的某一字段对 RDD 进行分组操作;flatmap 可以对 RDD 进行拆分,将 RDD 中的一条记录转化为多条记录等。同时 Spark 还提供了 countByKey、collect、take、save、foreach 等多种 Actions 操作。这些丰富多样的数据类型操作使用户可以根据自身的业务需求,选取不同的编程函数,进行不同的数据类型操作和转换,极大地方便了用户的上层应用开发,因此 Spark 编程模型相比较于 Hadoop 更为灵活。

(3)容错性。Spark 的高容错性是其成功应用的又一个显著特点。一个 RDD 的产生必须依赖于其上层 RDD,这个 RDD 同时也可以转化为其他的 RDD,这样的转换关系构成了 Spark 的一个转换图。RDD 本身不仅包含数据,同时还包含其自身的元数据信息,当某个 RDD 出现错误或者丢失时,不需要从头开始重新计算,而只需依据转换图计算其上一层或几层的 RDD(这取决于 checkpoint 的点),就可以还原出该 RDD 的数据。

(4)可用性。Spark 的各个组件都至少提供了三种接口,这三种接口包含了主流的编程语言 Java、Python,以及自身的编写语言 Scala。除此之外,Spark 还提供了 shell 端的交互式接口,极大地增加了 Spark 的可用性。

第 2 章　基于距离的离群数据挖掘

离群数据(孤立点)的挖掘(outliers mining),是数据挖掘研究的一个崭新的领域,也成为数据挖掘研究的一个重要分支。离群数据挖掘通过发现小的模式(相对于聚类),即数据集中显著不同于其他数据的对象,分析标准类以外的特例,数据聚类外的离群值,实际观测值和系统预测值间的显著差别,来对差异和极端特例进行描述。基于距离的离群数据挖掘,是最基本的、通用的一类方法,它是通过计算每个对象同数据集中其他对象之间的距离来发现异常点。本章从不同角度介绍三个基于距离的离群数据挖掘方法。

2.1　基于距离支持度的离群数据挖掘方法

现有离群数据发现算法大多是针对低维数据的,这些算法在处理高维海量数据时存在效率问题,而且要求输入参数较多,影响了结果的客观性。当前的多数聚类算法能发现一些例外情况,但是由于聚类算法的主要目标是发现簇,而不是发现离群点,聚类算法一般是在聚类结果的基础上发现离群数据的,而且主要是针对低维数据,不解决聚类算法的效率问题,很难将其运用于高维海量数据的孤立点发现。同时存在对于不同要求下的离群数据发现范围没有约束,需要输入的参数较多等问题。本节针对不同要求下的离群数据发现范围没有约束,利用距离支持度来改变离群数据的约束范围,提出了一种基于距离的高维海量离群数据挖掘算法 DB-HDLO(A Outlier Mining Algorithm of

Large High-Dimensional Data Sets Based on Distance)。该算法针对不同要求下离群数据发现任务,利用距离支持度来改变离群数据的约束范围,并与传统的最短距离系统聚类算法 SL 具有相同的聚类结果。以恒星光谱数据为数据集,实验验证了该算法能够高效准确地对高维海量数据聚类,并根据不同要求发现离群数据。

2.1.1　问题提出

当前基于聚类的离群数据挖掘方法主要可分为三类:基于统计的离群数据挖掘方法,基于距离的离群数据挖掘方法,基于偏移的离群数据挖掘方法等。基于统计的离群数据发现方法是已知数据集符合某种概率分布,然后用不一致性检验(discordancy test)确定离群数据。它的应用需要事先知道数据集参数(如正态分布)、分布参数(如均值、标准差)预期的离群数据的个数,而这些信息在实际应用中一般是未知的。另外一个主要的缺点是,这类方法的绝大多数应用是针对数值型数据,针对单属性数据是有效的,而较难对高维数据、周期性数据、分类数据进行挖掘。基于偏移的离群数据发现(Deviation-based outlier detection)是通过对数据的特性的检验来发现离群数据的。这种方法可以对各种形式的数据进行离群检测,但由于要事先知道数据的特征,确定相异度函数,如果相异度函数的选取不合适,则得不到满意的结果,所以较难在实际问题中使用。此外,还有基于深度和基于密度的方法。在基于深度的方法中,每个数据对象被映射为 k 维空间中的一个点,并赋予了一个深度值。深度小的数据对象是离群数据的可能性比较大。基于深度的方法对二维和三维空间上的数据比较有效,但对四维及四维以上的数据,处理效率比较低。基于密度的离群数据的定义是在距离的基础上建立起来的。这种方法将点之间的距离和某一给定范围内点的个数这两个参数结合起来,得到"密度"的概念,根据密度来判断一个点是否是离群数据。其他方法对离群数据的定义都是二值的,即一个点或者是离群点、或者不是离群数据,不存在中间状态。部分学者提出了离群数据因子的概念,该因子定义了点的离群程度,同时,一个点的离群程度与它周围的点有关,这体现了"局部"的概念;也有人提出一种基于密度的快速聚类算法,该算法有效提高了低维数据的聚类效率,速度上数倍于已有 DBSCAN 算法。

C-means 算法和 ISODATA 算法是当前较常用两种基于距离的聚类方法。这两种算法都是简单实用的无监督学习算法,能够用于已知类数的数据聚类。其基本思想是:确定聚类块数 k 后,从数据集中任选 k 个向量作为聚类中心,将其他向量按欧式距离归入各个中心,根据函数调整聚类中心后重新聚类,直到聚类中心不再变化为止。算法中初始聚类中心的随机指定,动态调整聚类中心时聚类的合并与分裂,都消耗了大量的计算。基于免疫规划的 C-means 聚类算法,在传统的聚类算法中有机地集成了免疫进化的机理,克服了对初始化选值敏感性的缺点,同时有较快的收敛速度,提高了聚类算法的性能。这类算法处理节点个数较少的高维数据或低维数据聚类问题效果较好,当用来分析海量高维数据时,效率成为亟待解决的关键问题。

2.1.2 传统的最短距离聚类算法 SL

定义 2.1 设 $R = \{x_1, x_2, x_3, \cdots, x_n\}$ 为待处理数据集,其中每个元素 x_i 有 m 个属性,$d(x_i, x_j) = \left(\sum_{k=1}^{m} |x_{ik} - x_{jk}|^2 \right)$ 为 $x_i, x_j \in \mathbf{R}$ 的距离,记为 d_{ij}。

SL 算法的基本思想:首先输入希望得到的聚类数 k,规定样本之间的距离,计算样本集中两两之间的距离 d_{ij},假设初始状态每个样本元素自成一类,然后查找各类之间距离最小值,设为 D_{pq},将 C_p 与 C_q 合并为一类,记为 C_r,$C_r = \{C_p, C_q\}$,重新计算新类与其它类之间的距离 $D_{rk} = \min_{i \in c_r, j \in c_k} d_{ij} = \min\{ \min_{i \in c_p, j \in c_k} d_{ij}, \min_{i \in c_q, j \in c_k} d_{ij} \} = \min\{D_{pk}, D_{qk}\}$,合并一个新数据集 C_r,重复上面工作,直到合并为 k 类。如果某一步中的最小元素不止一个,则对应的最小元素的类同时合并。

上述算法中定义不同的距离则可以得到不同的聚类结果。该算法在查找最小元素时需要选择合适的查找方法,否则可能消耗过多的运行时间。在重新计算新类与其它类之间的距离时,如果需要再次计算各样本的两两距离,以产生新的距离矩阵,这需要 $n-k$ 次构造距离矩阵的循环计算,而每次循环中距离矩阵的构造运算都近似于 n^2 次,用该算法处理高维海量数据显然存在严重的效率问题。

2.1.3　基于距离的高维聚类离群数据挖掘算法 DB-HDLO

根据数据集 $\mathbf{R}$ 中任意两元素的距离 $d(x_i, x_j)$,可构造数据集各元素之间的距离矩阵 $\mathbf{D}$ 为

$$\mathbf{D} = \begin{pmatrix} d_{11} & d_{12} & \cdots & d_{1n} \\ d_{21} & d_{22} & \cdots & d_{2n} \\ \vdots & \vdots & & \vdots \\ d_{n1} & d_{n2} & \cdots & d_{nn} \end{pmatrix} \tag{2-1}$$

式中,$d_{ij} = \left(\sum\limits_{k=1}^{m} |x_{ik} - x_{jk}|^2 \right)$,易知 $\mathbf{D}$ 为一个对角线元素为零的对称矩阵,即

$$\mathbf{D} = \begin{pmatrix} 0 & d_{21} & \cdots & d_{n1} \\ d_{21} & 0 & \cdots & d_{n2} \\ \vdots & \vdots & & \vdots \\ d_{n1} & d_{n2} & \cdots & 0 \end{pmatrix} \tag{2-2}$$

定义 2.2　设 $D' = \dfrac{2}{n(n-1)} \sum\limits_{i=2}^{n} \sum\limits_{j=1}^{i-1} d_{ij}$,则称 D' 为该数据集各元素的平均距离。

1. 确定聚类中心点

通过数据集中随机的选取 n 个 m 维的数据项,由定义 2.2 距离公式可以计算出这 n 个 m 维数据项之间的 $n \times n$ 距离矩阵 $\mathbf{D}$,选择其中产

生的最小值的数据项合并,合并方式采用向量法,使结果成生一个新点。删除以上两点,将新点插入数据集再次执行以上运算,直到产生希望得到的簇中心点个数。

传统的聚类算法往往要求输入距离判断的阈值,不同的阈值会生成不同的聚类结果,这对聚类结果的客观性产生了一定的影响。通过上述方法可以避免阈值的人为输入。但如果按照上述方法,每次合并都重新计算两两之间的距离,显然计算量非常庞大,对于海量高维数据这样的计算更是无法接受的。事实上,合并生成的新距离矩阵中,只有新点和原有样本之间的距离发生了变化,把原有各样本和新点一起进行运算是的不合理的,实际运算中只需计算新点和其它样本之间的距离,此外的矩阵元素可通过对原矩阵元素的移动来实现。对矩阵元素的移动工作是在内存中实现的,这样可以有效地减少访问数据库的 I/O 操作次数,同时将原来 n^n 次计算变为 n^2 次运算,有效地提高了算法的运行效率。由于运算过程中通过对矩阵有用元素的移动保留了有用信息,所以对算法的完备性没有产生任何损失。

2. 离群数据检测

特定环境下对离群数据的定义标准是不同的,即使同一环境下根据不同的要求对离群数据的定义也有差异,要求发现的离群数据范围不同,为了能够根据不同要求发现离群数据,算法应该通过对一定约束条件的修改得到不同的结果。可通过距离支持度的改变来实现对离群数据范围的改变,满足不同用户的要求。

定义 2.3 设 S 为聚类中的样本与中心点的距离的上限阈值,如果样本到中心点的距离大于此值与平均距离之积,则该样本为离群数据,S 称为距离支持度。

在引入距离支持度之后,必须对其给出一个确定的有效范围。一般来说离群数据是明显偏离其他数据,不满足数据的一般模式或行为,与存在的其他数据不一致的数据。如果以距离为度量标准,则离群数据和中心点的距离应该大于数据集平均距离,在此以平均距离作为加权平均距离的最小值,即距离支持度最小值为 1,在小于该值条件下发现的离群数据没有实际意义。距离矩阵最大值为数据集中属性差异最大的两元素之间的距离,任何离群数据与其他数据之间的距离不可能都超过该值,因此,可以定义距离支持度最大值为该值与平均距离的比值。

在输出离群数据时对其进行排序,虽然距离支持度变小时,输出很多离群数据,但不影响离群数据的质量,只是简单地增加一些原本不是离群数据的点作为离群数据输出,所以,排在底部的点并不一定是真的离群数据。

设 $\max\limits_{i\in c_s,j\in c_s} d_{ij}$ 为数据集生成的距离矩阵 $\boldsymbol{R}$ 各元素最大值,D' 为平均距离,则距离支持度 $S \in \{1, \max\limits_{i\in c_s,j\in c_s} d_{ij}/D'\}$。

3. DB-HDLO 方法的基本思想

DB-HDLO 方法分为以下 3 个步骤:利用距离矩阵确定待处理数据集的聚类中心点;利用基于距离的方法将待处理数据集聚类;设定距离支持度,发现离群数据。首先,确定聚类中心点。构造距离矩阵后,计算原始距离矩阵的平均距离并保存,接着确定聚类中心点,这需要找到距离矩阵各元素的最小值,这里采用一趟冒泡排序法的方法,接着将对应两个样本合并生成一个新对象,将新对象插入数据集同时删除以上两对象,重复以上工作直到数据集中只有 k 个对象,即为 k 个聚类的中心点。然后聚类,以产生的 k 个点作为聚类中心点,按最近分配原则把数据集中所有对象 o_i 分配到以 k_i 为中心的簇中。最后是离群数据的发现,确定距离支持度取值范围,根据距离支持度判断离群数据并输出。

定理 2 - 1 DB-HDLO 与 SL 具有相同的聚类结果。

证明 DB-HDLO 与 SL 的聚类结果由中心的点决定。假设聚类数据集为任意给定 n 个数据点的集合 $R=\{x_1,x_2,x_3,\cdots,x_n\}$，聚类的目标是产生 k 个集合 $C=\{C_1,C_2,\cdots,C_k\}$，使得每个数据点 x_i 被划归到唯一的集合 C_k。根据定义 2.2 定义样本之间的距离，记为 d_{ij}，两种方法通过不断寻找数据集中距离最近的元素并进行合并，DB-HDLO 通过移动矩阵中的元素，利用上一次循环计算的信息来减少距离的计算，所产生的距离矩阵和 SL 算法的完全相同。如果矩阵中出现多个最小值相同情况，可以同时合并，可见，DB-HDLO 与 SL 具有相同的聚类结果。

定理 2-2 DB-HDLO 聚类效率高于 SL。

证明 DB-HDLO 与 SL 的运算分为中心点的确定和聚类两部分。如定理 2-1 证明中的假设条件，SL 算法在首次生成距离矩阵 $\boldsymbol{D}$ 并执行一次合并此作后，重新计算 d_{ij}，需要 $\dfrac{(n-1)(n-2)}{2}$ 次运算，DB-HDLO 只需计算新类与其它样本之间的距离，执行 $n-2$ 次运算。显然，DB-HDLO 在确定中心点的运算中效率高于 SL。确定中心点后的聚类运算中，两种方法的处理过程完全一致，因此，DB-HDLO 聚类效率比 SL 要高。

2.1.4 DB-HDLO 算法及分析

基于上述 DB-HDLO 的基本思想，DB-HDLO 算法可描述如下：

Algorithm 2.1 DB-HDLO 算法：

Input：结果簇的数目 m，包含 n 个对象的数据集，距离支持度 s。

Output：k 个簇，使得所有对象与其中心的距离最小，离群数据集。

(1)生成距离矩阵 $\boldsymbol{D}$；

(2)计算平均距离 D'；

(3)$t:=1$；　　　／＊t 为迭代次数 ＊／；

(4)while $t<=n-k$ do

（5）　　　一趟冒泡排序找到最小值；

（6）　　　合并最小值对应的两个对象，生成一个新的对象；

（7）　　　删除前两点对应行和列；

（8）　　　移动矩阵元素，保留有用数据；

（9）　　　计算新点与其它点之间的距离，并写入矩阵；

（10）　　　$t:=t+1$；

（11）End while

（12）将产生的 k 个点作为聚类中心点，计算对象 O_j 到各中心点 k_i 最短距离；

（13）计算距离支持度 s 的取值上限 $\max\limits_{i\in c_q,j\in c_k} d_{ij}/D'$；

（14）If　$S\notin\{1,\max\limits_{i\in c_q,j\in c_k} d_{ij}/D'\}$　　　Then 输入新的 S；

（15）Else If $d_{ij}<=S*D$，按最近分配原则把对象 O_j 分配到以 k_i 为中心的簇中；

（16）Else 把 O_j 作为离群数据输出；

（17）重复执行以上三步，直到 n 个对象都处理完毕；

（18）End.

DB-HDLO 算法在（6）采用一趟冒泡排序查找最小值，实际应用中设置临时变量，在构造距离矩阵的同时进行查找，n 个数据只需进行 $n-1$ 次比较就可找到最小值，可以有效提高运行效率。在（9）（10）通过移动矩阵元素对原有数据进行了保存，避免了过多的重复计算并有效地减少了 I/O 访问次数。与之相比，C-means 算法通过不断的迭代，最终将数据集分为 k 类，在处理海量数据方面较其它算法有效，尤其是对数值型数据的处理。但其时间复杂受迭代次数的影响非常明显，CLARANS 算法改进了 K-medoid 算法，但计算复杂度仍为 $O(kn^2)$，主要开销在本质上都在中心点的确定的上，因此算法 DB-HDLO 在中心的确定时有效地提高了效率，从而提高了算法的整体效率。

2.1.5　实验分析

针对所提出的算法,以 LAMOST 项目为应用背景进行了实验。实验数据为国家天文台提供恒星光谱数据,选用 8 000 条恒星光谱数据为数据集 R,选定间隔为 20 的波长 3 510,3 540,…,8 330 Å 为 200 个属性,每个属性值分别对应该波长下的光谱流量。DBMS 采用 Oracle 9i,操作系统为 Windows2000,硬件环境为 Pentium-III　1.0G CPU,256M 内存,用 Visual C++语言编写实现了 DB-HDLO 算法。同时将该算法与 SL 算法和 C-means 算法进行了比较。表 2-1 是在随机选取不同的样本子集下,聚类算法运行效率的比较,表中 C-means 算法的结果为迭代至中心点稳定时的聚类时间。结果表明,在随机选取 100 条记录时,SL 算法运行时间为 25s,C-means 算法运行时间是 18s,DB-HDLO算法为 21s,选取 400 条时,3 种算法的处理时间分别是 134s,94s,102s,选取 600 条记录时分别为 289s,196s,204s,表明在处理小样本子集时,C-means 算法的运行效率较好,但三种算法的效率差异并不明显,而在选取 2 000 条记录时三种算法的处理时间分别为 714s,667s,631s,选取 4 000 条记录时为 1 423s,1 041s,804s,选取 6 000 条记录时分别是 3 113s,1 965s,1 352s,可见,三种算法在 1 000 条以上较大样本集上运行时,DB-HDLO 算法的效率明显优于另外了两种算法,数据表明,DB-HDLO 算法是处理海量高维数据问题的有效解决办法。

表 2-1　三种算法聚类性能的比较　　　　　　单位:s

Data set size	100	200	400	600	1 000	2 000	3 000	4 000	6 000	8 000
SL	25	49	134	289	420	714	952	1 423	2 144	3 113
C-means	18	38	96	196	501	677	816	1 041	1 321	1 965
DB-HDLO	21	39	102	204	487	631	726	804	965	1 352

表 2-2 是在随机选取不同的样本子集下,聚类算法运行结果的比

较,同样,表中 C-means 算法的结果为迭代至中心点稳定时的聚类效果。由于国家天文台已经给出每条光谱所属类型,实验中可以将运行结果与之进行比较,结果表明,在选取的样本多次变化的情况下,由于恒星光谱的流量值范围在 10^{-14} 至 10^{-15} 之间,DB-HDLO 算法与 SL 算法结果因误差,稍有不同,但准确率基本一致,与 C-means 算法的差异较明显。以上三种算法均为基于距离的硬划分聚类算法,所以认为该结果合理。

表 2 - 2　三种算法聚类效果准确率的比较　　　　单位:%

Data set size	100	200	400	600	1 000	2 000	3 000	4 000	6 000	8 000
SL	81	79	83	78	76	75	75	78	76	79
C-means	0.80	0.80	0.78	0.76	0.76	0.73	0.73	0.74	0.76	0.79
DB-HDLO	0.81	0.79	0.82	0.77	0.76	0.76	0.75	0.78	0.76	0.79

一般情况下,使用 C-means 算法时会输入参数控制迭代次数,这样既可以减少运行时间,又便于实现,但由于 C-means 算法中的中心点选择是完全随机的,因此,迭代次数的确定没有合理的依据,同时输入迭代次数可能影响聚类的效果。由上述比较可以看出 DB-HDLO 算法克服了以往算法要求输入参数较多的缺点,保证了聚类效果不受主观因素影响,在不影响聚类效果的条件下,DB-HDLO 算法的聚类运行效率比另外两种算法显著提高。

实验中,在输入不同的距离之尺度 s 时,结果输出了不同范围的离群数据,实验所用数据为温度从 2 000℃到 60 000℃的 7 类天体光谱数据,离群数据发现结果集中在 60 000℃附近的光谱数据,可以认为离群数据发现准确。

如何提高海量高维数据挖掘效率是当前研究的热点问题之一。本节主要对海量高维数据的聚类及离群数据发现算法进行了研究,提出了一种基于距离支持度的离群数据挖掘算法 DB-HDLO。在不损害结果完备性的基础上,有效地提高了算法的运行效率。实验分析表明,本节提出的方法能有效地处理海量高维数据中的聚类和离群数据挖掘问题。

2.2 基于分阶段模糊聚类的离群数据挖掘方法

2.2.1 问题提出

将物理或抽象对象的集合分成由类似的对象组成的多个类的过程被称为聚类。由聚类所生成的簇是一组数据对象的集合,这些对象与同一个簇中的对象彼此相似,与其他簇中的对象相异。"物以类聚,人以群分",在自然科学和社会科学中,存在着大量的分类问题。聚类分析又称群分析,它是研究(样品或指标)分类问题的一种统计分析方法。聚类分析起源于分类学,但是聚类不等于分类。聚类与分类的不同在于,聚类所要求划分的类是未知的。

聚类分析输入的是一组未分类记录,聚类分析就是通过分析数据库中的记录数据,根据一定的分类规则,合理地划分记录集合,确定每个记录所在类别。简单地说,聚类是基于整个数据集内部存在若干"分组"为出发点而产生的一种数据描述,每个子集中的点具有高度的内在相似性。

数据挖掘对聚类的典型要求如下:

(1)可伸缩性。许多聚类算法在小于 200 个数据对象的小数据集合上工作得很好;但是,一个大规模数据库可能包含几百万个对象,在这样的大数据集合样本上进行聚类可能会导致有偏的结果。我们需要具有高度可伸缩性的聚类算法。

(2)处理不同类型属性的能力。许多算法被设计用来聚类数值类型的数据。但是,应用可能要求聚类其他类型的数据,如二元类型(Binary),分类/标称类型(Categorical/Nominal),序数型(Ordinal)数据,或者这些数据类型的混合。

(3)发现任意形状的聚类。许多聚类算法基于欧几里得或者曼哈顿距离度量来决定聚类。基于这样的距离度量的算法趋向于发现具有相近尺度和密度的球状簇。但是,一个簇可能是任意形状的。提出能发现任意形状簇的算法是很重要的。

(4)用于决定输入参数的领域知识最小化。许多聚类算法在聚类分析中要求用户输入一定的参数,例如希望产生的簇的数目,聚类结果对于输入参数十分敏感,参数通常很难确定,特别是对于包含高维对象的数据集来说,这样不仅加重了用户的负担,也使得聚类的质量难以控制。

(5)处理"噪声"数据的能力。绝大多数现实中的数据库都包含了孤立点、数据缺失或者错误的数据。一些聚类算法对于这样的数据敏感,可能导致低质量的聚类结果。

(6)对于输入记录的顺序不敏感。一些聚类算法对于输入数据的顺序是敏感的。例如,同一个数据集合,当以不同的顺序交给同一个算法时,可能生成差别很大的聚类结果。开发对数据输入顺序不敏感的算法具有重要的意义。

(7)高维(High Nimensionality)。一个数据库或者数据仓库可能包含若干维或者属性。许多聚类算法擅长处理低维的数据,可能只涉及两到三维。人类的眼睛在最多三维的情况下能够很好地判断聚类的质量。在高维空间中聚类数据对象是非常有挑战性的,特别是考虑到这样的数据可能分布非常稀疏,而且高度偏斜。

(8)基于约束的聚类。现实世界的应用可能需要在各种约束条件下进行聚类。假设你的工作是在一个城市中为给定数目的自动提款机选择安放位置,为了作出决定,你可以对住宅区进行聚类,同时考虑如城市的河流和公路网,每个地区的客户要求等情况。要找到既满足特定的约束,又具有良好聚类特性的数据分组是一项具有挑战性的任务。

(9)可解释性和可用性。用户希望聚类结果是可解释的,可理解的,和可用的。也就是说,聚类可能需要和特定的语义解释和应用相联系。应用目标如何影响聚类方法的选择也是一个重要的研究课题。

从 20 世纪 40 年代至今,国内外的研究者提出了很多聚类算法,如基于层次的算法(CHAMELEON,CURE,BIRCH)、基于平面分割的算法(C-means,FREM)、基于密度的算法(DENCLUE,OPTICS,DBSCAN)、基于规则和模型的算法,以及基于网格和子空间的算法(STING,WaveCluster,CLIQUE),等等。但是本质上聚类可以分为硬划分和软划分两种。传统的聚类大多基于硬划分,这种方法把每个待处理的对象严格地划分到某个类中,具有非此即彼的性质,因此这种分类的类别界限是分明的。而实际上大多数对象并没有严格的属性,在各个聚类的边缘具有模糊特性,因此,要求一种软划分来解决这个问题,模糊聚类应运而生。Zadeh 首先在 1965 年提出了模糊集理论,为这种软划分提供了有力的分析工具,Bezdek 和 Dunn 于 1987 年提出了C-均值模糊聚类算法,此后模糊聚类被广泛应用到各种领域。

同时,在众多聚类算法,不论是硬划分、软划分都存在一定的缺点,现在分别用两种划分的经典典型算法为例予以分析。

1. 硬划分的经典算法:C-means 算法

在对硬划分算法的研究中,研究人员致力于寻找一种计算简单、快速收敛的算法,C-means 算法是其中一个非常基础、非常流行的经典算法。它试图找出满足某一特定标准的 k 个划分,即找到 k 个均值向量。设 $X = \{x_1, x_2, x_3, \cdots, x_n\} \subset \mathbf{R}^s$ 是 C 个聚类中心,$v_i \in \mathbf{R}^s$,$2 \leqslant C < n$,C-means 算法试图把 n 个向量 $x_i(i=1,2,\cdots,n)$ 分配到 k 个簇 $C_i(i=1, 2, \cdots, k)$ 中,使得簇内平方差和达到最小 $J(u,v) = \sum\limits_{k=1}^{n} \sum\limits_{i=1}^{c} u_{ik}$ $(x_k - v_i)^2$,其中 $\sum\limits_{i=1}^{c} u_{ik} = 1$,$u_{il} \in \{0,1\}$。基本算法如下:

C-means 算法:

(1)Initialize:样本数为 n,聚类中心 $v_1, v_2, \cdots, v_c$,迭代次数 $t = 0$,最大迭代次数 T,阈值为 ε。

（2）按照最近邻 v_i 分类 n 个样本，即更新 $u_{ik}^{(l+1)}$：

$$u_{ik}^{(l+1)} = \begin{cases} 1, if \ i = \mathrm{argmin}\{\parallel x_k - v_i^{(l)} \parallel\} \\ 0, others \end{cases} \qquad (2-3)$$

（3）更新 $v_i^{(l+1)}$：

$$J_m(u,v) = \sum_{k=1}^{n} \sum_{i=1}^{c} u_{ik}^m \parallel x_k - v_i \parallel^2 v_i^{(l+1)} = \frac{\sum_{k=1}^{n} u_{ik}^{(l+1)} x_k}{\sum_{k=1}^{n} u_{ik}^{(l+1)}} \qquad (2-4)$$

（4）$If \ \max_i \parallel v_i^{(l+1)} - v_i^{(l)} \parallel < \varepsilon \ or \quad l > T, Then \ Stop; Else \ Jump \ to \ 2.$

C-means 算法是一种在对数似然函数空间上的随机爬山算法，时间复杂度为 $O(ndkt)$，其中 n 是待处理数据的总数，d 是特征数量，即样本的维数，k 是聚类的个数，t 是算法循环的次数，实践中，通常有 $k, t \ll n$，因此算法的效率很高。C-means 算法尽管简单，但在实践中确实表现出色，因此是一种主要的聚类算法。同时，C-means 算法也存在以下明显的缺点：

（1）采用硬划分方法，由中心点代表每一个簇，使用欧式距离度量，每个数据点的影响是一样的，聚类结果受噪音数据的影响。

（2）k 个初始点的选择对聚类的收敛速度和最终的聚类结果影响很大，如果随机选择的初始点理想，算法将以非常快的速度收敛，否则迭代次数增加会使计算复杂度明显增大。但由于 C-means 聚类目标函数是高度非线性和多峰的函数，因此，用梯度法优化目标函数时，搜索方向总是沿着能量减小的方向，使算法很容易陷入局部极值点，只有当初始化较好时算法才能收敛到全局最优解。

（3）在该算法的每一步迭代中，每一个样本点都被认为是完全属于某一类别，这和现实中存在的众多模糊现象是矛盾的。

（4）C-means 聚类算法为了减少平方差会将一个大的聚类分裂为几个小的聚类，这使得 C-means 算法的聚类结果并不完美。

由于硬划分算法的缺点，人们开始用模糊的方法来处理聚类问题，并称之为模糊聚类分析。由于模糊聚类得到了样本属于各个类别的不确定性程度,表达了样本类属的中介性,即建立起了样本对于类别的不确定性的描述,能更客观地反映现实世界,从而成为聚类分析研究的主流,C—均值模糊聚类算法是其中的代表。

2. C 均值模糊聚类算法

C—均值模糊聚类(Fuzzy C-means,FCM)算法是众多模糊聚类算法中应用最广泛的一种,它通过模糊权重指数来克服硬划分的缺点。与C-means 算法一样,FCM 算法要建立一种模糊划分,把 n 个向量 $x_i(i=1,2,\cdots,n)$ 分配到 k 个簇 $C_i(i=1,2,\cdots,k)$ 中,使得目标函数最小,Dunn 首先定义的目标函数为

$$J_D(u,v) = \sum_{k=1}^{n}\sum_{i=1}^{c} u_{ik}^2 \parallel x_k - v_i \parallel^2$$

,式中 v_i 为第 i 类的中心点。 (2-5)

Bezdek 将其推广为

$$J_m(u,v) = \sum_{k=1}^{n}\sum_{i=1}^{c} u_{ik}^m \parallel x_k - v_i \parallel^2$$

,式中 $m \in [1,\infty)$ 为模糊权重指数。 (2-6)

另外,$\sum_{i=1}^{c} u_{ik} = 1, u_{ik} \in (0,1)$。为了使得目标函数最小,得到最佳的 (u,v),有

$$\min\left\{J_m(u,v) = \sum_{k=1}^{n}\sum_{i=1}^{c} u_{ik}^m \parallel x_k - v_i \parallel^2\right\} \quad (2-7)$$

对聚类中心和隶属度更新,微分运算得:

$$v_i = \frac{\sum_{k=1}^{n} u_{ik}^m x_k}{\sum_{k=1}^{n} u_{ik}^m}, \quad i = 1,2,\cdots,c \quad (2-8)$$

$$u_{ij} = \frac{1}{\sum_{j=1}^{c}\left(\frac{\parallel x_k - v_i \parallel^2}{\parallel x_k - v_j \parallel^2}\right)} \quad (i=1,2,\cdots c; k=1,2,\cdots n) \quad (2-9)$$

FCM 算法初始化时与 C-means 算法一样随机选择 k 个向量 c_1, c_2, $\cdots c_k$ 为中心点,将 n 个样本分配到中心为 c_i 的类中,然后进行迭代,直到聚类中心稳定时终止。

实践证明 FCM 算法计算简单而且运算速度快,几何意义直观,但同样存在明显缺陷:

(1)由于用聚类中心点来表示类,所以和 C-means 一样容易受到噪音数据影响。

(2)FCM 算法不能保证结果收敛到目标函数的极小值,这些算法只依赖目标函数进行搜索,目标函数受样本数据的分布影响较大,容易收敛于鞍点陷入局部极值,形成错误分类。

(3)由于初始化产生的聚类中心点时的随机性,使得算法的收敛速度的不到保证,这是该算法固有的缺陷,无法通过对目标函数的优化得到改进。

鉴于 C-means 算法和 FCM 算法的以上缺点,提出了一种实用高效的分阶段模糊聚类算法 ——TSFCM 算法。

2.2.2　分阶段模糊聚类的算法思想

由于硬划分方法的缺陷,可以把硬划分的结果作为下一步运算的初始值,而不将其作为最终结果。对于模糊聚类算法可能出现收敛到局部鞍点,不能保证全局最优的情况,我们采用为利群算法约束,克服该缺点。基于以上思想我们提出一种分阶段聚类算法。该算法可分为两个阶段:第一阶段,硬划分阶段,该阶段对数据集执行硬划分,确定下一阶段的初始条件;第二阶段,模糊聚类阶段。这一阶段以硬划分结果为初始中心点模糊聚类。

1. 硬划分阶段

硬划分该阶段的主要任务是为下一阶段的模糊聚类提供较为理想的初始聚类中心点,避免模糊聚类初始化产生的聚类中心点时的随机性,使得算法的收敛速度得到保证,并迅速收敛。该阶段可以采用 C-means 算法,但鉴于 C-means 在处理大数据集时存在严重的效率问题,对于海量数据根本无法处理的缺点,在此我们提出一种新的硬划分算法 —— 基于距离的高维海量离群数据挖掘算法 DB-HDLO。该算法针对不同要求下离群数据发现任务,利用距离支持度来改变离群数据的约束范围,并与传统的最短距离系统聚类算法 SL 具有相同的聚类结果。以恒星光谱数据为数据集,实验验证了该算法能够高效准确地对高维海量数据聚类,并根据不同要求发现离群数据。

(1) 传统的最短距离系统聚类算法 SL。

定义 2.4 设 $R = \{x_1, x_2, x_3, \cdots, x_n\}$ 为待处理数据集,其中每个元素 x_i 有 m 个属性,$d(x_i, x_j) = \sum_{k=1}^{m} |x_{ik} - x_{jk}|^2$ 为 $x_i, x_j \in \mathbf{R}$ 的距离,记为 d_{ij}。

SL 算法的基本思想:首先输入希望得到的聚类数 k,规定样本之间的距离,计算样本集中两两之间的距离 d_{ij},假设初始状态每个样本元素自成一类,然后查找各类之间距离最小值,设为 D_{pq},将 C_p 与 C_q 合并为一类并记为 C_r,$C_r = \{C_p, C_q\}$,重新计算新类与其它类之间的距离 $D_{rk} = \min_{i \in c_r, j \in c_k} d_{ij} = \min\{\min_{i \in c_p, j \in c_k} d_{ij}, \min_{i \in c_q, j \in c_k} d_{ij}\} = \min\{D_{pk}, D_{qk}\}$,合并一个新数据集 C_r,重复上面工作,直到合并为 k 类。如果某一步中的最小元素不止一个,则对应的最小元素的类同时合并。

上述算法中定义不同的距离则可以得到不同的聚类结果。该算法在查找最小元素时需要选择合适的查找方法,否则可能消耗过多的运行时间。在重新计算新类与其它类之间的距离时,如果需要再次计算各样本的两两距离,以产生新的距离矩阵,这需要 $n - k$ 次构造距离矩阵的循环计算,而每次循环中距离矩阵的构造运算都近似于 n^2 次,用该算法处理高维海量数据显然存在严重的效率问题。

(2) 基于距离的高维聚类离群数据挖掘方法 DB-HDLO。根据数据

集 R 中任意两元素的距离 $d(x_i, x_j)$，可构造数据集各元素之间的距离矩阵 $\boldsymbol{D}$ 为

$$D = \begin{pmatrix} d_{11} & d_{12} & \cdots & d_{1n} \\ d_{21} & d_{22} & \cdots & d_{2n} \\ \vdots & \vdots & & \vdots \\ d_{n1} & d_{n2} & \cdots & d_{nn} \end{pmatrix} \tag{2-10}$$

式中 $d_{ij} = \sum\limits_{k=1}^{m} |x_{ik} - x_{jk}|^2$，易知 D 为一个对角线元素为零的对称矩阵，即

$$D = \begin{pmatrix} 0 & d_{21} & \cdots & d_{n1} \\ d_{21} & 0 & \cdots & d_{n2} \\ \vdots & \vdots & & \vdots \\ d_{n1} & d_{n2} & \cdots & 0 \end{pmatrix} \tag{2-11}$$

定义 2.5　设：

$$D' = \frac{2}{n(n-1)} \sum_{i=2}^{n} \sum_{j=1}^{i-1} d_{ij} \tag{2-12}$$

则称 D' 为该数据集各元素的平均距离。

（1）确定聚类中心点。通过数据集中随机的选取 n 个 m 维的数据项，由定义 2.4 的距离公式可以计算出这 n 个 m 维数据项之间的 $n \times n$ 距离矩阵 D，选择其中产生的最小值的数据项合并，合并方式采用向量法，使结果生成一个新点。删除以上两点，将新点插入数据集再次执行以上运算，直到产生希望得到的簇中心点个数。

传统的聚类算法往往要求输入距离判断的阈值，不同的阈值会生成不同的聚类结果，这对聚类结果的客观性产生了一定的影响。通过上述方法可以避免阈值的人为输入。但如果按照上述方法，每次合并都重新计算两两之间的距离，显然计算量非常庞大，对于海量高维数据这样的计算更是无法接受的。事实上，合并生成的新距离矩阵中，只有新点

和原有样本之间的距离发生了变化,把原有各样本和新点一起进行运算是不合理的,实际运算中只需计算新点和其它样本之间的距离,此外的矩阵元素可通过对原矩阵元素的移动来实现。对矩阵元素的移动工作是在内存中实现的,这样可以有效地减少访问数据库的 I/O 操作次数,同时将原来 n^n 次计算变为 n^2 次运算,有效地提高了算法的运行效率。由于运算过程中通过对矩阵有用元素的移动保留了有用信息,所以对算法的完备性没有产生任何损失。

(2) 离群数据发现。特定环境下对离群数据的定义标准是不同的,即使同一环境下根据不同的要求对离群数据的定义也有差异,要求发现的离群数据范围不同,为了能够根据不同要求发现离群数据,算法应该通过对一定约束条件的修改得到不同的结果。可通过距离支持度的改变来实现对离群数据范围的改变,满足不同用户的要求。

定义 2.6 设 S 为聚类中的样本与中心点的距离的上限阈值,如果样本到中心点的距离大于此值与平均距离之积,则该样本为离群数据,S 称为距离支持度。

在引入距离支持度之后,必须对其给出一个确定的有效范围。一般来说离群数据是明显偏离其他数据,不满足数据的一般模式或行为,与存在的其他数据不一致的数据。如果以距离为度量标准,则离群数据和中心点的距离应该大于数据集平均距离,在此以平均距离作为加权平均距离的最小值,即距离支持度最小值为 1,在小于该值条件下发现的离群数据没有实际意义。距离矩阵最大值为数据集中属性差异最大的两元素之间的距离,任何离群数据与其它数据之间的距离不可能都超过该值,因此,可以定义距离支持度最大值为该值与平均距离的比值。

在输出离群数据时对其进行排序,虽然距离支持度变小时,输出很多离群数据,但不影响离群数据的质量,只是简单地增加一些原本不是离群数据的点作为离群数据输出,所以,排在底部的点并不一定是真的离群数据。

设 $\max\limits_{i\in c_s, j\in c_t} d_{ij}$ 为数据集生成的距离矩阵 $\boldsymbol{R}$ 各元素最大值，D' 为平均距离，则距离支持度 $S \in \{1, \max\limits_{i\in c_s, j\in c_t} d_{ij}/D'\}$。

（3）DB-HDLO 方法的基本思想。DB-HDLO 方法分为三个步骤：利用距离矩阵确定待处理数据集的聚类中心点；利用基于距离的方法将待处理数据集聚类；设定距离支持度，发现离群数据。首先，确定聚类中心点。构造距离矩阵后，计算原始距离矩阵的平均距离并保存，接着确定聚类中心点，这需要找到距离矩阵各元素的最小值，这里采用一趟冒泡排序法的方法，接着将对应两个样本合并生成一个新对象，将新对象插入数据集同时删除以上两对象，重复以上工作直到数据集中只有 k 个对象，即为 k 个聚类的中心点。然后聚类，以产生的 k 个点作为聚类中心点，按最近分配原则把数据集中所有对象 o_i 分配到以 k_i 为中心的簇中。最后是离群数据的发现，确定距离支持度取值范围，根据距离支持度判断离群数据并输出。

定理 2 - 3　DB-HDLO 与 SL 具有相同的聚类结果。

证明　DB-HDLO 与 SL 的聚类结果由中心的点决定。

假设聚类数据集为任意给定 n 个数据点的集合 $\boldsymbol{R} = \{x_1, x_2, x_3, \cdots, x_n\}$，聚类的目标是产生 k 个集合 $C = \{C_1, C_2, \cdots, C_k\}$，使得每个数据点 x_i 被划归到唯一的集合 C_k。根据定义 2.2 定义样本之间的距离，记为 d_{ij}，两种方法通过不断寻找数据集中距离最近的元素并进行合并，DB-HDLO 通过移动矩阵中的元素，利用上一次循环计算的信息来减少距离的计算，所产生的距离矩阵和 SL 算法产生的完全相同。如果矩阵中出现多个最小值相同情况，可以同时合并，可见，DB-HDLO 与 SL 具有相同的聚类结果。

定理 2 - 4　DB-HDLO 聚类效率高于 SL。

证明　DB-HDLO 与 SL 的运算分为中心点的确定和聚类两部分。

如定理 2 - 1 证明中的假设条件，SL 算法在首次生成距离矩阵 $\boldsymbol{D}$ 并

执行一次合并此作后,重新计算 d_{ij},需要 $\dfrac{(n-1)(n-2)}{2}$ 次运算,
DB-HDLO 只需计算新类与其它样本之间的距离,执行 $n-2$ 次运算。显然,DB-HDLO 在确定中心点的运算中效率高于 SL。确定中心点后的聚类运算中,两种方法的处理过程完全一致,因此,DB-HDLO 聚类效率比 SL 要高。

（4）DB-HDLO 算法及分析

基于上述 DB-HDLO 的基本思想,DB-HDLO 算法可描述如下:

Algorithm 2.2 DB-HDLO 算法:

输入:结果簇的数目 m,包含 n 个对象的数据集,距离支持度 s。

输出:k 个簇,使得所有对象与其中心的距离最小,离群数据集。

1）生成距离矩阵 $\boldsymbol{D}$;

2）计算平均距离 D';

3）t：= 1;   / * t 为迭代次数 * /;

4）While t ＜= n－k Do;

5）　Begin;

6）　　　一趟冒泡排序找到最小值;

7）　　　合并最小值对应的两个对象,生成一个新的对象;

8）　　　删除前两点对应行和列;

9）　　　移动矩阵元素,保留有用数据;

10）　　　计算新点与其它点之间的距离,并写入矩阵;

11）　　　t：= t＋1;

12）　End Begin

13）End While

14）将产生的 k 个新点作为聚类中心点,计算对象 O_j 到各中心点 k_i 最短距离;

15）计算距离支持度 S 的取值上限 $\max\limits_{i \in c_s, j \in c_s} d_{ij}/D'$;

16）While S $\notin$ $\{1, \max\limits_{i \in c_i, j \in c_i} d_{ij}/D'\}$ Do

　　输入新的 S 或终止 DB-HDLO 算法；

17）End While；

18）If $d_{ij} <= S * D'$

　　Then 按最近分配原则把对象 O_j 分配到以 k_i 为中心的簇中；

19）Else 把 O_j 作为离群数据输出；

20）重复执行以上三步，直到 n 个对象都处理完毕；

21）End.

DB-HDLO 算法在 6）采用一趟冒泡排序查找最小值，实际应用中设置临时变量，在构造距离矩阵的同时进行查找，n 个数据只需进行 $n-1$ 次比较就可找到最小值，可以有效提高运行效率。在 9）、10）步通过移动矩阵元素对原有数据进行了保存，避免了过多的重复计算并有效地减少了 I/O 访问次数。与之相比，C-means 算法通过不断的迭代，最终将数据集划分为 k 类，在处理海量数据方面较其它算法有效，尤其是对数值型数据的处理。但其时间复杂受迭代次数的影响非常明显，CLARANS 算法改进了 K-medoid 算法，但计算复杂度仍为 $O(kn^2)$，主要开销在本质上都在中心点的确定上，因此算法 DB-HDLO 在中心的确定时有效地提高了效率，从而提高了算法的整体效率。

2. 模糊聚类阶段

PSO 是一种进化计算技术（evolutionary computation），源于对鸟群捕食的行为研究，目前已广泛应用于函数优化、神经网络训练、模糊系统控制以及其他遗传算法的应用领域。PSO 算法中，每个优化问题的解都是搜索空间中的一只鸟，我们称之为"粒子"。所有的粒子都有一个由被优化的函数决定的适应值（Fitness Value），每个粒子还有一个速度决定它们飞翔的方向和距离。然后粒子们就追随当前的最优粒子在解空间中搜索。

PSO 初始化为一群 N_d 维空间的随机粒子(随机解),然后通过迭代找到最优解。在每一次迭代中,粒子通过跟踪两个"极值"来更新自己。第一个就是粒子本身所找到的最优解 p_{id},另一个极值是整个种群目前找到的最优解 p_{gd}。另外也可以不用整个种群而只是用其中一部分找到局部最优值,以此取代全局最优解可以取得更好的效果。

找到这两个最优值后,粒子根据如下的公式来更新自己的速度和新的位置,有

$$v_{i,k}(t+1) = wv_{i,k}(t) + c_1 r_l{}_{,k}(t)(y_i{}_{,k}(t) - x_i{}_{,k}(t)) +$$
$$c_2 r_2{}_{,k}(t)(y_k{}'(t) - x_i{}_{,k}(t)) \tag{2-13}$$

$$x_i(t+1) = x_i(t) + v_i(t+1) \tag{2-14}$$

式中,x_i 表示粒子当前的位置;v_i 表示粒子当前的速度,y_i 表示粒子到达过的最好的位置 p_{id},$r_1,j(t),r_2,j(t),U(0,1),k=1,2,3,\cdots,N_d$;$y_k'$ 表示当前的全局最优点 p_{gd},也可以用当前局部 $y_{i,k}'$ 替换。

PSO 使用式(2-13)、式(2-14)反复改变粒子的速度和位置,直到达到最大循环次数或终止条件为止。此时的全局最优解即为最终结果。

基本微粒群算法:

1)初始化微粒的位置和速度;

2)计算每个微粒的适应值;

3)对于每个微粒,将其适应值与所经历的最好位置 P_i 的适应值进行比较,若较好,则将其作为当前的最好位置;

4)对每个微粒,将其适应值与全局所经历的作好位置 P_g 的适应值进行比较,若较好,则将其作为当前的全局最好位置;

5)根据方程式(2-13)、式(2-14)对微粒的速度和位置进行进化;

6)如未达到结束条件(通常为足够好的适应值或达到一个预设最大代数),则返回步骤 2)。

3. 基于 PSO 的模糊聚类算法(PFCM)

为了解决 FCM 存在的上述问题,本节提出一种基于 PSO 的模糊聚

类算法 PFCM。设聚类样本集为：$X = (x_1, x_2, \cdots, x_n)$，其中的 x_i 为任意维向量。算法的基本思想如下：以 PSO 中的一个微粒代表一个簇中心的集合 $C = (c_1, c_2, \cdots, c_k)$，其中 c_i 是与 x_i 维度相同的向量，代表一个簇中心，通过公式(2-12)计算适应度矩阵 $U^{(t)} = (u_{i,j})$，令 PSO 的适应度函数为

$$\text{fitness} = \sum_{i=1}^{N} \sum_{j=1}^{K} u_{i,j}^m \parallel x_i - x_j \parallel^2 \qquad (2-15)$$

　　粒子通过改变每一维不同的取值即簇中心的取值从而产生多种聚类结果，直到找到可接受的簇中心即适应度函数达到终止条件或整个循环达到最大循环次数。PFCM 算法与 FCM 算法最大的区别在于不再使用 C 均值方法而是使用 PSO 来确定簇中心。

　　PFCM 算法：

　　1) 初始化粒子群 $C_1, C_2, \cdots, C_w$，其中 C_i 为一个任意产生的簇中心的集合，可以从样本集 $C = (x_1, x_2, \cdots, x_n)$ 中任取 k 个向量来初始化 C_i。

　　2) For $t = 0$ to Max-iteration do

　　　　For each C_i do

　　　　　　For each x_j do 使用式(2-5)计算隶属度矩阵 $U^{(t)}$；

　　　　　　使用式(2-14)计算适应度 fitness；

　　　　　　根据适应度修改 p_{id} 和 p_{gd}；

　　　　　　根据式(2-12)修改粒子速度；

　　　　　　根据式(2-13)修改粒子位置；

　　　　　　End for

　　　　End for

　　3) 输出取得 p_{gd} 的粒子，即簇中心的集合，根据式(2-5)得出样本集的隶属度矩阵。

　　Max-iteration 是最大循环次数。算法利用了 PSO 在寻优过程中的优势，基于 PSO 的模糊聚类算法克服了传统 FCM 算法的缺点，如对初

始值敏感、对噪声数据敏感、容易陷入局部最优。

2.2.3 分阶段模糊聚类算法

基于上述的基本思想,分阶段模糊聚类算法描述如下:

Algorithm 2.3 二阶段模糊聚类算法 TSPFCM:

1) 初始化:结果簇的数目 m,包含 n 个对象的数据集,$T(k)$,$w_{ij}s_i(1),i,j = 1,2,\cdots,N$;

2) 生成距离矩阵 $\boldsymbol{D}$;

3) $v:=1$; /* v 为迭代次数 */;

4) whilev $\leqslant$ n $-$ m do;

5) 一趟冒泡找到最小值;

6) 合并最小值对应的两个对象,生成一个新的对象;

7) 删除前两点对应行和列;

8) 移动矩阵元素,保留有用数据;

9) 计算新点与其它点之间的距离,并写入矩阵;

10) $v:=v+1$;

11) End while;

12) 将以上结果作为模糊聚类的初始聚类中心点

13) $t = 0$ to Max $-$ iteration do;

14) $t = t+1$;

15) 更新聚类中心;

16) 调用 PFCM 算法;

17) 收敛准则满足;

18) return E,s_i,$i = 1,2,\cdots,N$。

在第一阶段 7),8) 步通过移动矩阵元素对原有数据进行了保存,避免了过多的重复计算并有效地减少了 I/O 访问次数。与之相比,C-means 算法通过不断的迭代,最终将数据集分为 k 类,在处理海量数据方面较其他算法有效,尤其是对数值型数据的处理。但其时间复杂受迭代次数的影响非常明显,同时受内存大小影响,无法处理大数据集。CLARANS 算法改进了 K-medoid 算法,但计算复杂度仍为 $O(kn^2)$,主要开销本质上都在中心点的确定上,因此算法 DB-HDLO 在中心的确定时有效地提高了效率,从而提高了算法的整体效率。如果待处理的数据集非常大,可以采用采样的方法减小该阶段的运算量,这样做可能会影响硬划分完备性,由于该阶段得到的聚类中心点不需要非常精确,精确的计算是由模糊聚类阶段来完成的,所以是完全可行的。

第二阶段,采用基于微粒群的模糊聚类方法,从根本上克服了硬划分的缺点。微粒群算法保证了搜索过程中梯度信息的完整,同时微粒群算法自身具有的并行特性,使得每一个节点 s_i 都可以同步地、确定性地更新,有效地提高了算法的运行效率。而第一阶段得到的较准确的初始条件,避免了模糊聚类中心点选择的随机性,为微粒群算法的快速收敛提供了条件,保证了整个算法的快速收敛。

2.2.4　实验分析

针对所提出的算法,分别以中科院北京国家天文台提供的光谱数据进行了性能和准确率的测试,并与几种常用算法进行了比较分析,然后以山西鼎荣冷弯型钢有限公司装备的 500KW 汽轮鼓风机组数据、EDEM 仿真数据进行了工程实例验证。

1. 标准测试数据

为了测试该算法对海量数据集的有效性,以国家天文台提供恒星光谱标准测试数据,进行实验分析。选用 8 000 条恒星光谱数据为数据集 R,选定间隔为 20Å 的波长 3 510,3 530,…,8 330 Å 为 200 个属性,每个属性值分别对应该波长下的光谱流量。DBMS 采用 Oracle 9i,操作系统为 Windows xp,硬件环境为 PentiumIV-3.0G CPU,2G 内存,用 VC++ 语言编写实现了 TSFCM 算法。首先将 DB-HDLO 算法与 SL 算法,K-means 算法进行了比较。表 2-3 是在随机选取不同的样本子集下,聚类运行效率的比较,表中 K-means 算法的结果为迭代至中心点稳定时的聚类时间。结果表明,在随机选取 100 条记录时,SL 算法运行时间为 25s,K-means 算法运行时间是 18s,DB-HDLO 算法为 21s,选取 400 条时,三种算法的处理时间分别是 134s,94s,102s,选取 600 条记录时分别为 289s,196s,204s,表明在处理小样本子集时,K-means 算法的运行效率较好,但三种算法的效率差异并不明显,而在选取 2 000 条记录时三种算法的处理时间分别为 714s,667s,631s,选取 4 000 条记录时为 1 423s,1 041s,804s,选取 6 000 条记录时分别是 3 113s,1 965s,1 352s,可见,三种算法在 1 000 条以上较大样本集上运行时,DB-HDLO 算法的效率明显优于另外了两种算法,数据表明,DB-HDLO 算法是处理海量高维数据问题的有效解决办法。

表 2-3   随机选取不同的样本子集下三种算法聚类性能的比较

单位:s

Data set size	100	200	400	600	1 000	2 000	3 000	4 000	6 000	8 000
SL	25	49	134	289	420	714	952	1 423	2 144	3 113
K-means	18	38	96	196	501	677	816	1 041	1 321	1 965
DB-HDLO	21	39	102	204	487	631	726	804	965	1 352

表 2-4 是在随机选取不同的样本子集下,聚类算法运行结果的比较,同样,表中 K-means 算法的结果为迭代至中心点稳定时的聚类效果。由于国家天文台已经给出每条光谱所属类型,实验中可以将运行结果与之进行比较。经统计,结果显示 TSFCM 算法在 100 到 8 000 条大小不等的测试数据集上运行结果准确率均在 86% 以上,在样本数为 8 000 的数据集上准确率高达 89.3%,明显优于其他两种算法。

表 2-4　随机选取不同的样本子集下三种算法聚类效果准确率的比较

单位:%

Data set size	100	200	400	600	1 000	2 000	3 000	4 000	6 000	8 000
SL	81	79	83	78	76	75	75	78	76	79
K-means	80	80	78	76	76	73	73	74	76	79
TSFCM	87	86	88	88	89	89	87	88	88	89

在数据的知识发现过程中,只有建立样本对于类别的不确定性的描述,才能更客观地反映现实世界,而单纯采用硬划分的方法来处理数据存在较大的误判率。同时,基于软划分的模糊聚类方法本身也存在一定的缺陷,如:对聚类的初始值比较敏感,聚类结果可能陷入局部最优等。针对这些模糊聚类存在的问题,本章提出了一种分阶段模糊聚类算法。首先解决模糊聚类对初始值敏感的问题,采用硬划分方法的运算结果作为模糊聚类的初始值。其次,将微粒群算法引入模糊聚类,保证了结果的全局最优。最后,在对两阶段算法分别改进的基础上,针对天体光谱数据进行了实验,结果表明,该方法有效地提高了数据识别的准确率。

2.汽轮鼓风机组数据

高炉汽轮鼓风机是能将一部分大气汇集起来,并通过加压提高空气压力形成具有一定压力和流量的高炉鼓风,再根据高炉炉况的需要进行风压、风量调节后将其输送至高炉的一种动力机械。从能量的观点来看,高炉鼓风机是把原动机的能量转变为气体能量的一种机械。鼓风机的作用:向高炉送风,以保证高炉中燃烧的焦炭和喷吹的燃料所需的氧气。另外,还要有一定的风压克服送风系统和料柱的阻损,并使高炉保持一定的炉顶压力。高炉鼓风设备是为冶炼高炉提供足够的含氧空气,它是高炉生产的重要组成部分。由于高炉冶炼的连续性,要求鼓风机均匀地供给一定量的空气,另外还应有一定的风压,以克服送风系统和料柱阻力,并使高炉保持一定的炉顶压力,在整个冶炼过程中,由于原料、燃料、操作等条件的变化,引起炉况经常改变,也相应地要求供风参数也要变化,所以要求高炉风机具有一定的稳定调节范围和可靠的安全控制系统,因此及时发现风机数据异常显得尤为重要。

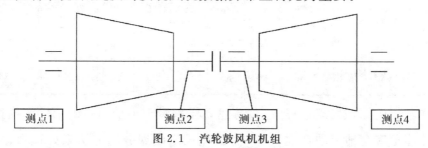

图 2.1 汽轮鼓风机机组

为检验 TSFCM 算法的有效性,山西鼎荣冷弯型钢有限公司装备的500KW 汽轮鼓风机组(结构如图 2.1 所示)现场数据,主要包含 7 种振动故障数据,样本经过预处理,选取其中 60 组典型数据建立故障样本集,样本维数为 8,每维特征分别对应特征频谱 0.01f～0.39f,0.40f～0.49f,0.50f,0.51f～0.99f,1.0f,2.0f,3－5f,＞5f 共 8 个频段的幅值,其中 f 为工频。聚类数设为 8 类,分别对应不平衡、不对中、油膜振荡、转子与静子摩擦、转子横向裂纹、转子支承系统松动、气动力偶 7 种故障状态和正常状态。分别采用 SL 算法、K-means 算法和 TSFCM 算法对故障样本集进行聚类分析,测试算法的有效性。三种算法的实验结果见表2－5。

表 2－5   三种算法聚类效果准确率的比较

算　　法	聚类数 / 个	错分样本数 / 个	准确率 /（%）
SL	8	14	76.7
K-means	8	14	76.7
TSFCM	8	3	95.0

从实验结果可以看出,SL 算法和 K-means 算法的错分样本数较

大,聚类结果与实际情况相差较远,这是由硬划分算法的不足导致的。TSFCM 算法则在准确率方面表现明显优于前两种方法,实验结果表明:提出的 TSFCM 算法可以克服软划分和硬划分两类算法的缺陷,并对聚类目标函数能进行更加有效地寻优,使结果逼近最优,其聚类效果显著增强,可以用于对故障的辨识与诊断。

3. EDEM 仿真数据

DEM Solutions 公司是全球领先的颗粒力学模拟软件和技术的供应商。公司的旗舰产品 EDEM™ 用来模拟和分析颗粒行为,并且为颗粒、流体和机械力学的结合提供了一个平台。在对工业过程进行颗粒尺度的描述、建模和分析方面,DEM-Solutions 公司提供世界一流的技术。本小节实验利用 EDEM 软件模拟水平螺旋输送机,如图 2.2 所示,生成散料颗粒运动数据,并对数据进行实验分析。螺旋体的设定参数为:螺旋体直径:88mm;外径:144mm;内径 98mm;螺距:88mm;仿真转速:100rmp。

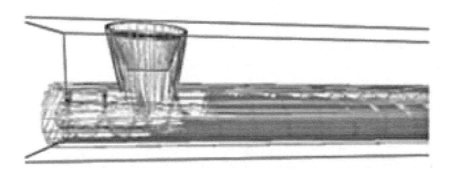

图 2.2　水平螺旋输送机仿真图

提取仿真生成的 10 000 条记录作为原始数据,将原始记录数据经过归一化预处理后的数据做为实验数据样本,验证了该算法,并将发现的离群数据记录数据与样本平均数据进行了对比。结果显示,该算法能够准确发现离群数据。为直观显示结果,对挖掘得到的离群数据没有进行降维处理,下面给出发现的两条离群数据的总力曲线与平均总力曲线,如图 2.3 ～ 图 2.5 所示。

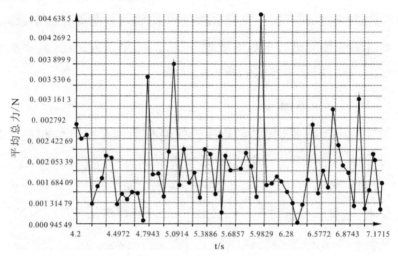

图 2.3　数据集平均总力曲线

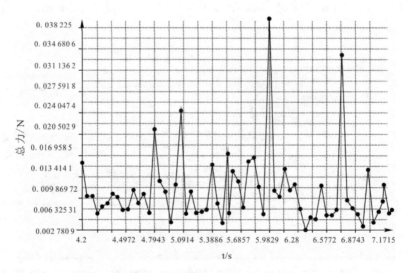

图 2.4　离群数据 A 的总力曲线

经验证,离群数据 A 为样本数据集中总力曲线最大值,离群数据 B 为样本数据集中总力曲线最小值。

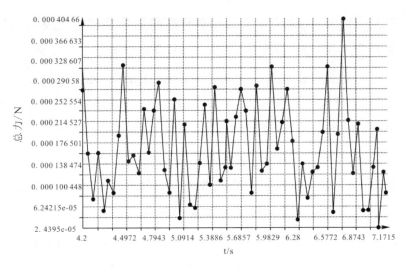

图 2.5   离群数据 B 的总力曲线

2.3   基于信息熵的离群数据挖掘方法

本节通过引入基于信息熵的异常度量因子,给出一种离群数据挖掘新算法 EOI。该算法先利用信息熵计算每个记录的异常度量因子,并通过异常度量因子来衡量数据集中每个记录的异常程度,进而监测离群数据,有效地消除了人为主观因素对异常检测的影响,进一步反应客观事物的本质,同时也能很好地解释异常点的含义。

自从 20 世纪 90 年代中期数据挖掘引起人们的广泛兴趣以来,它便得到了迅猛的发展。通常,数据挖掘被划分为四种类型,即相关依赖关系的发现、类别的判定、类别的描述、异常或异常(Outlier)数据挖掘。前三类是针对数据集中的大部分数据记录均服从的数据模式,而异常检测的目的在于找出隐含在海量数据中相对稀疏而孤立的离群数据模式,这是异常检测与关联规则等传统的面向数据主体的数据挖掘的主要区别。早期,对数据集进行预处理时,通常把异常点当作噪声,或修正异常点的值以减少其对正常数据的影响。尽管异常检测是为了发现数据集中极少数的一些数据,然而离群数据挖掘常常比其他类型的挖掘来得更有价值,因为一万个正常的记录很可能只覆盖一条规则,而十个异常很可能就意味着十条不同的规则。实际生活中,异常检测有着很广泛的应用,如网络入侵监测、信用卡恶意透支、贷款证明的审核等。异常挖掘通常可以看作三个子问题:什么样的数据是异常,即异常点的定义;有效挖掘异常的方法;异常点的意义,即异常挖掘结果的合理解释。到目前为止,异常点还没有一个被普遍采纳的定义,Hawkins 对异常定义在一定意义上揭示了异常点的本质:"异常点与其他点如此不同,以至于让人怀疑它们是由另外一个不同的机制产生的。"现有的异常点的定义大多是在 Hawkins 定义的基础上给出的一个定量化描述。统计学上,离群数据挖掘与聚类分析一定程度上是相似的,因为聚类的目的在于寻找性质相同或相近的记录,并归为一个类,根据异常的意义,那些与所有类别性质都不一样的记录则为异常点。因此,早期的异常检测多见于统计领域,一些典型的具有异常检测功能的聚类算法有 CLARANS,DBSCAN,OPTICS 等。然而,异常检测与聚类分析有着本质的区别,因为聚类的目的主要在于寻找类别,异常点只是它们的一个附属物。

2.3.1　信息熵

熵是来源于物理学里的名词,1850 年,德国物理学家鲁道夫·克劳修斯首次提出熵的概念,用来表示任何一种能量在空间中分布的均匀程度,能量分布得越均匀,熵就越大。一个体系的能量完全均匀分布时,这个系统的熵就达到最大值。在克劳修斯看来,在一个系统中,如果听任它自然发展,那么,能量差总是倾向于消除的。让一个热物体同一个冷物体相接触,热就会以下面所说的方式流动:热物体将冷却,冷物体将变热,直到两个物体达到相同的温度为止。克劳修斯在研究卡诺热机时,根据卡诺定理得出了对任意可逆循环过程都适用的公式为

$$dS = (dQ/T) \qquad\qquad (2-16)$$

对于绝热过程 $Q = 0$，故 $S \geqslant 0$，即系统的熵在可逆绝热过程中不变，在不可逆绝热过程中单调增大。这就是熵增加原理。由于孤立系统内部的一切变化与外界无关，必然是绝热过程，所以熵增加原理也可表为：一个孤立系统的熵永远不会减少。它表明随着孤立系统由非平衡态趋于平衡态，其熵单调增大，当系统达到平衡态时，熵达到最大值。熵的变化和最大值确定了孤立系统过程进行的方向和限度，熵增加原理就是热力学第二定律。熵的增加就意味着有效能量的减少。每当自然界发生任何事情，一定的能量就被转化成了不能再做功的无效能量。被转化成了无效状态的能量构成了我们所说的污染。许多人以为污染是生产的副产品，但实际上它只是世界上转化成无效能量的全部有效能量的总和。耗散了的能量就是污染。既然根据热力学第一定律，能量既不能被产生又不能被消灭，而根据热力学第二定律，能量只能沿着一个方向（即耗散的方向）转化，那么污染就是熵的同义词。它是某一系统中存在的一定单位的无效能量。

1948 年，香农在 Bell System Technical Journal 上发表了《通信的数学原理》(A Mathematical Theory of Communication) 一文，将熵的概念引入信息论中。信息熵是热力学熵理论在信息学中的推广，也可以认为是信源紊乱程度的测度。Shannon 在信息数学理论中定义信息熵为离散随机事件出现的概率。信息学认为信息熵是某种特定信息的出现概率，从信息传播的角度来看，信息熵可以表示信息的价值，指的是信息的不确定性。一则高信息度的信息对应的熵是很低的，低信息度的信息对应的熵较高。具体来说，当某种信息出现概率较高时，表明其被引用的频度或程度更高，或者说被传播的范围更广。也就是说，凡是导致随机事件集合的有序性，法则性，组织性，肯定性等增加或减少的过程，都可以用信息熵的改变量这个统一的标尺来度量。

1. 信息熵的基本性质

假设 $S(X)$ 是一离散随机变量,其取值范围为 $\{x_1, x_2, \cdots, x_n\}$,$S(X)$ 对应的概率函数为 $P(X) = \{px_1, px_2, \cdots, px_n\}$。可将 X 的信息熵定义为

$$H(X) = -\sum_{x_i \in S(X_i)} p(x)\log_2(p(x)) \tag{2-17}$$

对于含有多个属性的记录 $\hat{X} = \{X_1, \cdots, X_n\}$ 的信息熵计算有

$$H(\hat{X}) = -\sum_{x_1 \in S(X_1)} \cdots \sum_{x_n \in S(X_n)} p(x_1, \cdots, x_n)\log_2 p(x_1, \cdots, x_n)$$

$$\tag{2-18}$$

信息熵有以下 4 个重要性质:

1) 非负性:$H(X) \geqslant 0$ $\tag{2-19}$

2) 确定性:$H(1,0) = H(1,0,0) =$

$$H(1,0,0,0) = \cdots = H(1,0,\cdots,0) = 0$$

$$\tag{2-20}$$

3) 可加性:相对独立的状态,其信息熵的和等于和的信息熵:

$$H(XY) = H(X) + H(Y) \tag{2-21}$$

4) 极值性:

$$H(p_1, p_2, \cdots, p_n) \leqslant H\left(\frac{1}{n}, \frac{1}{n}, \cdots, \frac{1}{n}\right) = \log_2 n$$

$$\tag{2-22}$$

在信息论当中,对于工程物理系统,信源就是所研究的客观事物。而信源通常是以符号或信号的形式发出信息。如果信源中某一状态发生的先验概率很小,那么它一旦发生,人们获得的信息量就多。举一个简单的例子,一台机器具有正常工作和发生故障两种可能状态,如果正常工作的概率为 $P(x_1) = 0.99$,发生故障的概率 $P(x_2) = 0.01$,则可认为这台机器一般处于正常工作状态。但是,一旦发生故障,则是一件引

起人们注意的事件。

由上述可知,事件发生的不确定性与事件发生的概率有关。事件发生的概率越小,人们猜测它是否发生的困难程度就越大。而事件发生的概率越大,人们猜测这件事发生的可能性就越大,不确定性就越小。对于发生概率等于 1 的必然事件,就不存在不确定性。因此,某事件发生所含有的信息量,应该是该事件发生的先验概率的函数,即事件的自信息熵定义为,其中 $P(a_i)$ 是事件 a_i 发生的概率。

定义 2.7　自信息熵 $I(x)$:某事件 a_i 发生所含有的信息量称为自信息熵。

$$I(a_i) \xrightarrow{\text{def}} - \log_2 P(a_i) \qquad (2-23)$$

定义 2.8　如果 X 是一个离散的随机变量,$S(X)$ 是 X 可能取值的集合,$P(x)$ 是 X 的概率函数,那么信息熵 $H(X)$ 如式(2-24)所定义:

$$H(X) = - \sum_{x \in S(X)} P(x) \log_2(P(x)) \qquad (2-24)$$

对于含有多个属性的记录 $\hat{X} = \{X_1, \cdots, X_n\}$ 的信息熵如公式(2-24)计算:

$$H(\hat{X}) = - \sum_{x_1 \in S(X_1)} \cdots \sum_{x_n \in S(X_n)} p(x_1, \cdots, x_n) \log_2 p(x_1, \cdots, x_n)$$

$$(2-25)$$

如果记录的属性之间相互独立,根据信息熵的性质 3,公式(2-25)可以转化成公式(2-26)即

$$H(\hat{X}) = - \sum_{x_1 \in S(X_1)} \cdots \sum_{x_n \in S(X_n)} (p(x_1) \cdots p(x_n)) \log_2(p(x_1) \cdots p(x_n)) =$$

$$H(X_1) + H(X_2) + \cdots + H(X_n) \qquad (2-26)$$

换句话说,属性值的联合概率可以转化成每个属性概率的乘积,因此总的信息熵就等于每个属性的信息熵的和。

2. 信息熵的引入

无论是基于距离的异常检测算法,还是基于密度、深度的异常检测

算法,都是将给定系统看作是一个空间,而再将离群数据看作是此空间的若干稀疏数据点,所以离群数据有时也被人们称作异常点。本节另辟蹊径寻求一种不同理论系统下的度量离群数据的新方法。

信息熵完全建立在原始数据的基础上,客观性比较强,受人为因素影响较小。熵的值并不依赖于符号(对象、数据)本身,而只依赖于这些符号(对象、数据)的频率(概率)。而基于距离和偏离的异常检测算法都需要事先确定参数,如 pct,$d_{\min}$ 参数选择不当,会产生错误结论。

由于信息熵只依赖于记录中每个属性的概率,因此,属性的取值可以是数值型也可以是非数值型(如,字符型)。也就是说,信息熵可以将数值属性与标称属性整合在一个统一框架中,进行处理。而基于统计和距离的异常检测算法较难对非数值属性数据进行挖掘。

基于统计的方法在解释时发生多义性,原因是:同一个离群数据点有可能是不同的分布模型监测出来的,即产生异常点的机制有可能不唯一,从而产生了多义性。由于基于信息熵的方法采用的是唯一的离群数据产生机制,所以不会发生多义性的情况。

3. 基于信息熵的离群数据挖掘方法研究现状

2006 年,国内的何曾友等人提出了基于信息熵的快速贪婪算法(GreedAlg)。GreedAlg 算法采用了 LSA 算法中的优化模式,事先人为设定期望产生的异常点个数 k,同时参数 k 用于发现一个势为 k 的离群数据集 $O(|O|=k)$。但是 GreedAlg 算法存在以下不足:① 需要人为事先给出期望产生的异常点个数 k,这会有不能发现全部和多发现异常点的问题;② 文中提到 GreedAlg 算法需要全面扫描数据集 k 次,因此 I/O 代价通常比较高;③ 因为使用贪婪算法的策略,计算过程中很容易陷入局部最小,而该算法未对此问题采取有效措施;4)作者在文中没有解释依据最大熵影响(Maximal Entropy Impact)来识别异常点的原理。

2008 年,倪巍伟等人提出基于局部信息熵的加权子空间异常点监测算法(SPOD)。通过对数据点在各维进行邻域信息熵分析,生成相应的异常子空间和属性权向量,进一步提出子空间加权距离等概念,采用基于 LOF 的思想,计算数据点的子空间异常影响因子来判断数据点是否为异常点。缺点是在处理高维数据时与 LOF 算法处于一个数量级 $O(n^2)$,而且还需要人为事先设置很多参数,从而影响了监测的结果。

同年,于绍越等人提出基于信息熵的相对异常点的监测方法(ENBROD),首先引入去一划分信息熵增量的概念,并在其基础上给出了每个对象所对应的相对异常点因子(ROF)的定义。利用 ENBROD 算法来实现对 ROF 的计算,但 ENBROD 算法也需要人为事先设置参数,而这正影响了算法的运行效果。

2.3.2　基于信息熵的离群数据挖掘算法

1. 基于信息熵的异常定义

信息熵可以用来度量一个系统无序和杂乱程度。熵值越大,说明系统中的数据越无序,系统越杂乱;反之,熵值越小,则说明系统中的数据越有序,系统越纯净。如果将信息熵理论应用到离群数据挖掘中,根据 Hawkins 对异常点定性地描述,离群数据是使系统不"纯净""杂乱"的原因,相当于系统中的"杂质"。如果去除系统中的不"纯净"因素,那么系统则变得相对"有序"和"纯净",熵值比去除前相对变小。去除后,熵值相对减小地较大,说明去除的因素相对"杂乱";熵值相对减小地较小,说明去除的因素相对"纯净"。与此同时,从另外一个角度来讲,被去除的不"纯净"因素,也就是要寻找的离群数据,基于此理论基础,可通过测量熵值的变化来监测异常点。为此定义了如下"离群数据度量因子",来度量数据集中的离群数据。

定义 2.9　称四元有序组 $D = (U, A, V, f)$ 为数据集,其中 U 为所考虑对象的非空有限集合且 $|U| = m$,称为对象集;A 为属性非空有限集

合,属性集的势为 $\mid A \mid = n$;$V = \bigcup_{a \in A} V_a$,而 V_a 为属性 a 的值域;$f : U \times A \to V$ 是一个映射函数,$\forall x \in U$,$a \in A$,$f(x,a) \in V_a$,对于给定对象 x,$f(x,a)$ 赋予对象 x 在属性 a 下的属性值。数据集也可以简记为 $D = (U,A)$。约定,在本章中,数据集 $D = (U,A)$ 中的对象集的势为 $\mid U \mid = m$,属性集的势为 $\mid A \mid = n$;记录、数据点、对象是在不同范畴下,表述的同一个事物。

定义 2.10 离群数据度量因子(Outlier Measure Factor,OMF). 在数据集 $D = (U,A)$ 中,从对象集 U 中剔除对象 x_i 后,得到的新数据集,记作 $\overline{D_i} = \{\overline{U_i},A\}$,其与原数据集 D 的信息熵的差 $H(D) - H(\overline{D_i})$ 定义为对象 x_i 的离群数据度量因子,记作 $OMF(x_i)$,则有

$$OMF(x_i) = H(D) - H(\overline{D_i}) \qquad (2-27)$$

式中,对象 i 对应的离群数据度量因子 $OMF(x_i)$ 的值越大,成为异常点的可能性越大。

通过离群数据度量因子定义的异常点与 LOF 算法中通过局部异常因子定义的异常点类似,即异常不再是一个二值属性(不是异常点,就是常规点),它摒弃了以前异常定义中非此即彼的绝对异常观念,更加符合现实生活中的应用。离群数据度量因子 $OMF(x_i)$ 可以量化地量度每个数据点 x_i 的异常程度,$OMF(x_i)$ 的值越大,x_i 异常程度越强;反之,$OMF(x_i)$ 越小,x_i 异常程度越弱。因此,引进该因子既可以发现异常程度强的异常点,也可以发现异常程度弱的异常点。离群数据度量因子 $OMF(x_i)$ 是将数据集中的每个数据点看作一个有机整体并对其进行统一度量的而不像 GreedAlg 算法把每个数据点孤立的度量。此外,文中给出离群数据度量因子 $OMF(x_i)$ 时,很好地利用了熵值并不依赖于符号(对象、数据)本身,而只依赖于这些符号(对象、数据)的概率这一特性,不需要人为事先输入参数或设置阈值,不需要人为干预,从数据自身的本质和特征出发,更有利于挖掘隐藏在数据中的知识。

Hawkins 给出了离群数据的本质性的定义：离群数据是在数据集中与众不同的数据，使人怀疑这些数据并非产生于随机偏差，而是产生于完全不同的机制。由此得到了离群数据的一般定义：离群数据又称为离群数据，是指不满足数据集的一般模式或行为，明显偏离其它数据，与存在的其它数据不一致的数据。传统的离群数据定义试图通过不同的方式寻找离群数据与一般模式之间的偏差，进而予以定量分析和筛选。然而，由这种方式产生的结果，出现了不可理解和无法解释的问题。本章利用熵可以反映系统有序程度与稳定程度的特性，引入信息熵作为衡量数据集一般模式的标准。数据集信息熵越大，说明系统中的数据越不一致，系统越杂乱，存在不满足一般模式的离群数据越多；反之，数据集信息熵值越小，则说明系统中的数据越纯净，存在离群数据的可能越小。由此可以得到基于信息熵的离群数据定义如下：假设从数据集中剔除记录 X_i 后，数据集的信息熵为 H_i，从数据集中剔除记录 X_j 后，数据集的信息熵为 H_j，如果有 $H_i < H_j$，则说明数据集中剔除 X_i 后更满足一般模式，更稳定，X_i 相对于 X_j 更可能是离群数据。

2. 算法描述

根据上节的基本思想，基于信息熵的离群数据快速识别算法——EOI（Entropy based Outlier Identify Algorithm）的主要步骤如下：

Step1：标示并剔除待处理数据集中的第 i 条数据，计算并记录其余数据集的信息熵；

Step2：放回第 i 条数据，标示并剔除待处理数据集中的第 $i+1$ 条数据，计算并记录其余数据集的信息熵；

Step3：重复执行 Step2，直到全部数据均被标示；

Step4：将信息熵由小到大排序，输出排在前面的若干条对应标示数据。

基于信息熵的离群数据挖掘算法（Entropy based Outlier Identify

Algorithm, EOI)。

Algorithm 2.4 EOI(dataset：D，Number：n)

1)begin

2) Set parameters,k

3) i=1

4)while i＜=n

5) Lable and eliminate the recorder Xi from the dataset //标记并剔除记录 Xi

6) Comput the entropy of dataset Hi using Eq.(3)//计算数据集信息熵 Hi

7) Put back the recorder Xi into the former position //放回记录 Xi

8) i++

9)End while

10)InsertSort(H[ ],int n)// 将信息熵由小到大排序

11)Return outliers as the result //将信息熵较小的前 k 条记录作为离群数据返回

12)End begin

EOI 算法在执行过程中只扫描一遍数据库,显著降低了算法的时间复杂度,有效解决了海量数据处理的效率问题。另外,该算法只需输入一个参数,有效降低了人为因素对识别效果的影响。

2.3.3 实验分析

EOI 算法的基本思想与 GreedAlg 算法相似,区别在于:不需要事先设置参数和阈值,从而避免 GreedAlg 算法不能找出尽可能多的异常点或多识别错误的异常点；GreedAlg 算法需要扫描数据集 k 趟(k 是人为事先输入的参数),大大地增加了算法的时间复杂度。而 EOI 算法

只需对数据扫描一趟,从而大幅度地降低了算法的时间复杂度。

EOI 算法的复杂度主要受数据集中的记录数 m、每条记录的属性个数 n、每个属性值的类别个数 c 的影响。EOI 算法中,主要是两个步骤:计算每条记录对应的离群数据度量因子;将其排序找出异常点。第一步最坏的情况是数据集中每个属性的属性值互不相等,时间复杂度 $O(m \times n \times m)$;但是实际情况下,每个属性的属性值的类别个数 c 远远的小于数据集的记录条数 m,因此,此步骤的时间复杂度为 $O(m \times n \times c)$。第二个步骤,就是一个简单的排序,可以选用一个时间复杂度在 $O(m \times \log m)$ 的排序算法。所以,EOI 算法的时间复杂度是 $O(m \times n \times c)$。

对 EOI 算法的性能进行实验分析。实验平台配置如下:在 PentiumIV-3.0G CPU,2G 内存,Windows XP 操作系统,DBMS 为 ORACLE9i,采用 Visual C++6.0 实现了 EOI 算法、ENBROD 算法、LOF 算法和 GreedAlg 算法。

1. ZOO 数据集

选用 UCI 中的 ZOO 数据集,此数据集中有 101 条记录,每条记录拥有 18 个属性——由 1 个动物名称属性、15 个布尔属性、2 个数值属性组成。其中,15 个布尔属性与动物腿个数的离散数值属性是条件属性;动物类别的离散数值属性是决策属性。本节选取动物类别是哺乳动物和爬行动物的两类。这样做的原因:①使用数据集中的所有记录会使异常特征表现的不显著;②为了构造不平衡的分布。构造出来的新数据集中有 41 个哺乳动物(89%)和 5 个爬行动物(11%),其中将爬行动物视为离群数据。选用此数据集和此方案来做实验是因为 ZOO 数据集的背景知识对于大家是熟知的,算法监测出来的离群数据,可以从客观角度去分析和检验算法的有效性和可行性。

表 2-6 列出的是从客观实际角度,统计属性集合中每个属性对应的对象集合中的对象是与众不同的次数。其中,与众不同的评判标准

是:对象集中对于某个属性为某个属性值时有≤15.22％的对象取该属性值则此对象在这个属性上是与众不同。从客观实际角度分析和解释,如果某对象入选次数越多,则说明此对象称为异常点的可能性越大。

表 2 - 6　ZOO 数据集中与众不同的对象入选次数统计

入选次数	与众不同的对象			
7	seasnake	×	×	×	×
6	pitviper	×	×	×	×
5	slowworm	×	×	×	×
4	tortoise	tuatara	seal	dolphin	porpoise

在表 2 - 7 中,参数取值是 ENBROD 算法、LOF 算法和 GreedAlg 算法获得期望目标(将所有的爬行动物数据找出来)的较优取值,而 EOI 算法在进行挖掘异常点的过程中,不需要为人进行干预,即不需要事先输入任何参数和阈值。从表 2 - 7 中,可以知道 EOI 算法在发现异常点的准确度上优于 ENBROD 算法和 LOF 算法。通过表 2 - 6 和表 2 - 7 的对比 EOI 算法和 GreedAlg 算法更能挖掘出符合客观规律的异常点。

表 2 - 7　算法的监测准确度对比

算　法	参　数	监测 5 个异常爬行动物数据					正确率/(％)
		1st	2nd	3rd	4th	5th	
ENBROD	MinPts＝45	seasnake	pitviper	tortoise	slowworm	Seal	80
EOI	无参数	seasnake	pitviper	slowworm	tortoise	tuatara	100
LOF	MinPts＝5	seasnake	pitviper	slowworm	tortoise	Seal	80
GreedAlg	k＝5	seasnake	pitviper	slowworm	tortoise	tuatara	100

为了测试算法对数据集维数的伸缩性,从 UCI 数据集中选取
UCI_ZOO(18 维)、UCI_MUSHROOM(22 维)、UCI_CHESS(36 维)和
UCI_LUNGCANCER(56 维)四个数据集,分别均匀地加入 3% 具有较
大偏差的数据点作为异常点,得到测试数据集。由图 2.6 可知,随着测
试数据集维数的增加,EOI 算法的准确度变化不大并且比 LOF 算法和
ENBROD算法有所提高,与 GreedAlg 算法的准确度相当。

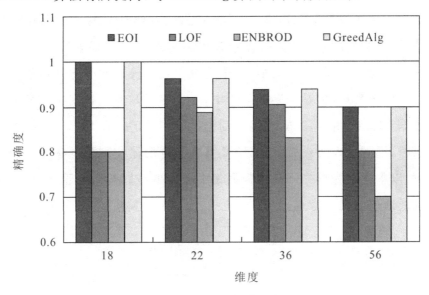

图 2.6　不同算法对数据集维数的伸缩性对比

2. 标准光谱测试数据

采用国家天文台提供的 Sloan 数字巡天数据,并对其进行预处理后
作为实验数据。预处理采用第二章中的离散化方法,具体如下:①选定波
长平均间隔为 20 的 200 个波长 3 810,3 530,…,7 790Å 作为属性集,共
200 个属性;②根据每一波长属性对应的属性值:流量、峰宽及形状,将数
据离散化为 13 种数值之一。实验环境如下:在 PentiumIV-3.0G CPU,
2G 内存,Windows XP,Oracle9i,Visual C++6.0 设计并实现了 EOI
算法,并与常用的 ENBROD 算法、LOF 进行了比较。

图 2.7 所示为测试算法监测异常点准确度的实验结果,从图中可以知道 EOI 算法比 LOF,ENBROD 算法的准确度高,与 GreedAlg 算法的准确度相当。这是因为 EOI 算法既可以发现异常程度最强的异常点,也可以发现异常程度最弱的异常点,所以它可以发现尽可能多的异常点。而 LOF 算法不能发现全部的离群数据是因为高维空间中的数据具有高稀疏性和不规则性的特点,基于密度的异常意义应用到高维数据时失效了,使得 LOF 算法不能监测到一些的异常点。ENBROD 算法的准确度受输入参数的影响较大。尽管实验结果表明 GreedAlg 算法的准确度与 EOI 算法相当,这是由于此实验方案事先知道数据集中有多少异常点,但是在实际应用中,事先并不知道数据集中有多少离群数据,GreedAlg 算法的准确度则会有所降低的。EOI 算法在挖掘异常点时,不需要人为设置参数,EOI 算法会自动地监测数据集中的异常点,所以不会因为事先不知道数据集中有多少离群数据而受到影响,能更有效地监测出异常点。

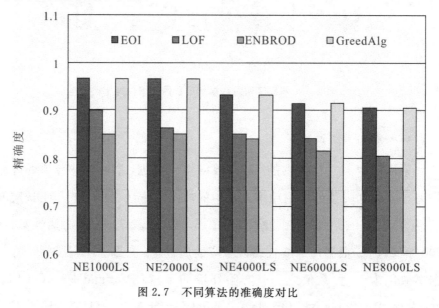

图 2.7　不同算法的准确度对比

图 2.8 测试数据集大小对算法影响的实验结果,EOI 比 LOF、EN-

BROD 及 GreedAlg 算法（参数 k 设置为 5 时）挖掘效率要高。EOI 算法在挖掘异常点时，无论用户期望产生多少异常点都只扫描一遍数据集，而 GreedAlg 算法需要扫描 k 遍数据集，每扫描一趟数据集只能发现一个异常点，因此 GreedAlg 算法的运行效率则降低了。LOF 与 ENBROD 算法在处理高维数据时，索引结构失效，时间复杂度退化为 $O(n^2)$。

设置离群数据输出记录数 $k=10$，按 fit 文件数据输出绘图后，经国家天文台专家认证，排在前 4 条的光谱均为变星光谱。

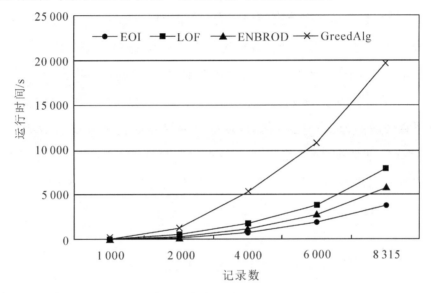

图 2.8　数据集大小对算法的影响对比

上述实验结果表明，在不同大小的测试数据集下，EOI 算法的运行时间相对 LOF 算法、ENBROD 算法较少。当测试数据集不断增大时，LOF 算法、ENBROD 算法两种方法的运行时间迅速增长，而 EOI 算法的运行时间随数据集增大的增长并不明显，验证了 EOI 算法显著降低了异常识别的时间复杂度，有效解决了海量数据处理的效率问题。

第3章 基于加权 k 近邻的离群数据
挖掘方法及并行化

k 近邻查询是在多维空间中查询与给定对象最近的 k 个对象的一种方法,其广泛应用于数据库、数据挖掘及地理信息系统等领域。Z-order 曲线是一种空间填充曲线,能将 d 维空间中的数据对象映射到一维子空间,实现了高维空间数据映射到低维子空间,也可将高维数据空间 k 近邻查询转换为线性空间查询,并有效地提高其查询效率。本章利用 Z-order 空间填充曲线,给出了一种加权 k 近邻查询方法,以及一种基于加权 k 近邻的离群数据挖掘算法,并采用人工合成和 UCI 标准数据集,实验验证了该算法的可行性和有效性。

3.1 问题提出

k 最近邻(k-Nearest Neighbor,kNN)起源于分类算法,其基本思想是:如果一个样本在特征空间中的 k 个最相似(即特征空间中最邻近)的样本中的大多数属于某一个类别,则该样本也属于这个类别。k 近邻查询就是从整个数据空间中,找到与查询点距离最近的 k 个对象,这 k 个对象被看作查询点的 k 个最近邻居,即 k 最近邻。k 近邻查询在适用于数据挖掘的同时,也存在一些问题:在低维空间中表现良好的 k 近邻查询方法,在高维空间中均出现不同程度的恶化,例如:基于 R 树、K-D 树查询方法;大多数 k 近邻查询方法都是假设数据的所有属性是同等重要的,但是在实际应用中,各个属性的重要程度是不同的,每个属性对近邻查询结果的贡献是有差别的,忽略属性重要性将严重影响 k 近邻查询效果,且查询结果中存在大量无意义的近邻数据。

进行 k 近邻查询时,需要识别出与每个对象最近的 k 个对象。典型研究成果有:深度优先遍历 R 树的方法查询 k 近邻,在递归和回溯中剪枝不包含最近邻的子树,避免了对整棵 R 树的遍历。但 R 树在建树过程中存在最小边界矩形之间重叠的现象,并且最近邻查询需访问大量节点,几乎是线性扫描整个数据空间,不适用于高维数据;基于相似对象近似度量算法 LSH,该算法利用特定的哈希函数建立哈希表,使得相近的对象以较高的概率映射到相同的桶中,从而在每个桶中找各自的最近邻。但是随着大数据时代的到来,LSH 算法已经不能满足现实需求;基于 Voronoi 图的最近邻查询方法,把基于规则的 Voronoi 图划分成不同的单元格,每个单元格区域用一个最小外包矩形表示,并为其构造索引,最近邻的查找通过查询相应的索引来实现。

离群数据是与数据的一般行为或者模型不一致的数据对象,那么离群数据挖掘作为数据挖掘的一个重要分支,往往可以发现一些真实的、但又出乎意料的知识。k 近邻查询是离群数据挖掘中的一种常用方法,影响着离群数据挖掘的效率和效果。目前的典型研究工作有:基于 k 近邻的离群数据挖掘算法,首先把数据集中的对象聚集到 R-tree 索引结构中,然后在寻找每个点的最近第 k 个邻居时,用 $D^k(p)$ 表示当前计算得到的点 p 的最近第 k 个邻居的距离,此时这个值就相当于点 p 的 D^k 值的一个上界,只有找到一点 q 与点 p 间的距离小于此时的这个上界时,才能更新点 p 的 D^k 值。这样,当通过 R-tree 结构为点 p 寻找最近第 k 个邻居时,如果点 p 与当前计算节点所表示的最小包围矩形间的最小距离比此 $D^k(p)$ 还大时,就不用再计算当前计算节点与其子计算节点中所有点间的距离,并且也避免了基于距离的离群数据挖掘算法需要用户设定距离参数值的局限。在离群因子的基础上,研究者对上述方法进行延伸,提出数据集中每个点的离群因子为其自身与 k

个近邻距离的和,值越大,对应点成为离群点的可能性越大。此类算法的不足之处是:该算法只考虑了数据点与其 k 个近邻的整体水平,没有考虑到它们之间的个体差异。另一类算法是 Grid-ODF 方法,将 k 近邻概念从 k 最近邻拓展到 k 最近密度区域,使用每个数据点和它的 k 最近密度区域之间的距离总和,作为离群数据排序的标准。但是,近邻密度区域的有效识别存在一定问题,其结果直接影响离群数据挖掘的准确性。这些不足促使我们设计一种加权的 k 近邻实现离群数据的检测。

3.2 基于 Z-order 的加权 k 近邻与离群数据挖掘

利用加权 k 近邻计算每个对象的 k 个近邻过程中,需充分考虑属性的重要程度(即属性的权值)。在缺乏专家或用户的先验知识的前提下,属性的重要程度无法直接给出,即属性权值的标注存在不确定性。信息熵采用平均信息量体现信源各个离散消息的不确定性,因此能够较好地解决属性权值的不确定性问题。

3.2.1 加权 k 近邻

在传统的基于 k 近邻的离群数据挖掘中,k 近邻是指数据集 DS 中任意一点 p,根据与其第 k 个最近邻的距离对每个点进行排名,并将该排名中的前 TOP-N 个表示为异常值的一种方法。该方法在度量对象与其近邻相似度时采用欧式距离,距离值越大,相似度越小,且本质上将对象的所有属性对距离的贡献视为是相同的,但是,在实际应用中不同属性对结果的影响是有区别的,所以,本节采用加权欧式距离来衡量对象间的相似度,根据属性重要程度的不同为它们赋予不同的权值,下面是关于属性权值的确定方法。

信息熵被定义为离散随机事件出现的平均概率,用平均信息量体现信源各个离散消息的不确定性,有效地刻画了信息的量化度量问题,并在度量属性权重得到应用。下面给出相关概念和定义的形式化描述：

给定数据集 DS，$A = \{A_1, A_2, \cdots, A_d\}$ 是 DS 的属性集。由于每个属性需要被赋予权值，因此可将每个属性单独看做一个信源，该属性的 n 个取值（例如 $A_i = \{A_{i1}, A_{i2}, \cdots, A_{in}\}$）作为该信源发出的 n 种信源符号。假定 $P_l = P_l(A_{il})$ 表示信源符号 A_{il}（或称作事件）出现的概率。A_{il} 的自信量 $I(A_{il}) = -log_2 P_l$，表示某一事件发生时事件 A_{il} 所包含的信息量。针对 n 个相互独立的信源符号，将会产生 n 个概率，即 $P_1, \cdots,$ $P_i, \cdots, P_n$。信源的信息熵就是描述信源的平均不确定性，即信源的平均信量，可用所有单个符号信息量的平均值来度量，即

$$H(A_l) = E(I(A_{il})) = -\sum_{l=1}^{d} p_l \log_2 p_l \qquad (3-1)$$

在本章中，$H(A_l)$ 值越大，表示属性 A_l 的重要程度越高，该属性的信息量就越多。信息熵从平均意义上表征了属性 A_l 的总体特征，因此对所有属性的信息熵进行归一化操作，从而确定各个属性的权值。

给定数据集 DS 的属性集 $A = \{A_1, A_2, \cdots, A_d\}$，属性权值为 $W(A) = \{w_1, w_2, \cdots, w_d\}$，其中 w_l 如式（3-2）所示，为属性集中第 l 个属性的权值，则有

$$w_l = \frac{H(A_l)}{\sum_{j=1}^{d} H(A_j)} (l = 1, 2, \cdots, d) \qquad (3-2)$$

在基于 k 近邻查询的离群数据挖掘中，由于没有考虑不同属性重要程度对结果的影响，导致离群挖掘结果不准确。为解决这一问题，提出加权的 k 近邻，为不同属性赋予不同权值，充分考虑属性的重要程度对结果的影响。

设 x_{il}, x_{jl} 是第 i、j 个对象的第 l 个加权属性值，两个对象之间的加权距离 d_{ij} 采用欧式距离来计算，即

$$d_{ij} = \sqrt{\sum_{l=1}^{d} (x_{il} - x_{jl})^2} \qquad (3-3)$$

此距离是建立在加权数据集的基础上，并不是单纯的对原始数据集进行欧氏距离计算。

定义 3.1 加权 k 近邻：指对于加权数据集 DS' 上的任意对象 O，根据式（3-3）计算 O 与其他对象的距离，得到距离最小的 k 个对象即为 O 的加权 k 近邻。

3.2.2 基于 Z-order 的加权 k 近邻查询策略

加权 k 近邻的搜索方法有 LSH，Voronoi 图以及 Z-order 曲线¯等，其中 Z-order 曲线是一种空间填充曲线，该曲线穿过且仅穿过一次高维空间中的每一个离散网格，能将原来高维空间查询变为线性空间的范围查询，因而 Z-order 曲线很好的保护了高维数据间的邻近性，同时能适用于不同密度的数据集。

采用 Z-order 曲线实现 k 近邻查询，主要是利用 Z-order 曲线的特点将数据对象从高维映射到低维，每个数据对象对应 Z-order 曲线上的一点，称为 Z-value 值，简称 Z 值。因而可将数据集中的加权 kNN 查询转化为一维空间中 Z 值的范围查询。将高维空间中数据对象的所有属性加权后，映射到 Z-order 曲线上，对象的加权 k 近邻查询就转化为找到距离查询对象的 Z 值最近的 k 个对象（即邻居）。为提高加权 k 近邻的准确性，引入加权 k 近邻候选集与随机位移操作的概念。

定义 3.2 给定数据集 DS，$O = \{O_1, O_2, \cdots, O_n\}$ 是 DS 的对象集，Z' 是对象 O_i 的 Z 值，在对所有 Z 值排序之后，生成一个有序数列，假设 $\{Z_1, Z_2, \cdots, Z_k\}$ 是小于 Z' 的 k 个邻近值，称对应 $\{Z_1, Z_2, \cdots, Z_k\}$ 的 k 个对象为 O_i 的前驱。同样地，假设 $\{Z_{k+1}, Z_{k+2}, \cdots, Z_{2k}\}$ 是大于 Z' 值的 k 个邻近值，称对应 $\{Z_{k+1}, Z_{k+2}, \cdots, Z_{2k}\}$ 的 k 个对象为 O_i 的后继。由 O_i 的前驱和后继组成的集合，称为 O_i 的加权 k 近邻候选集，记为 $C(O_i)$。

定义 3.3 设随机位移向量为 $v_i = (2^m i/(d+1), \cdots, 2^m i/(d+1))$

$(i \in [0,d])$，$v_i \in \mathbf{R}^d$，d 是维度，m 是阶数(计算过程参照 3.2.3 节)，数据集 $\vec{DS}$ 根据随机位移向量 $\vec{v_i}$ 平移得到 $\vec{DS^i} = \vec{DS} + v_i$，数据集中的对象 O 平移后为 O^i，同样的操作进行 $d+1$ 次，每次采用不同的随机位移向量 v_i，产生 $d+1$ 个随机位移副本，记为 f，$f \in [0,d]$，之后在每个副本上构建加权 k 近邻候选集。

数据集中的所有对象都根据随机位移向量移动相同的距离，同时对象的 Z 值发生变化，改变了各自在 Z-order 曲线上的相对位置。随机位移是对数据集 DS 进行变形的一种操作，它可以使得那些在原始数据集中距离相邻但 Z 值不相邻的对象，经过变形之后 Z 值依然相邻。

采用 Z-order 曲线搜索加权 k 近邻的详细步骤如下：

1)根据信息熵计算原始数据集 DS 中每个属性的权值，对原始数据集赋权之后得到加权数据集 DS'；

2)将加权后的属性值进行二进制编码，然后对 DS' 中所有对象的二进制属性值进行位交叉操作，得到各自的 Z 值；

3)按照 Z 值的大小对数据集进行重新排序，在排序结果中，找到每个对象的 k 个前驱和 k 个后继，从而确定所有对象的加权 k 近邻候选集；

4)为了保证查询结果的准确性，根据定义 3.3 对 DS' 进行随机位移操作，生成 f 个随机位移副本，每个副本都重复执行步骤 2)和 3)，DS' 中的所有对象都会产生拥有 $2kf$ 个元素的加权 k 近邻候选集；

5)计算每个对象与其所有加权 k 近邻候选集中元素的欧式距离，距离最小的前 k 个即为该对象的加权 k 近邻。

3.2.3　加权 k 近邻查询实例

表 3-1 是 8 位病人的检查结果记录表，记录了每位患者的 5 个属性，其中鼻塞与头痛属性的范围都是 0～5，数字越大，情况越严重。嗓子沙哑属性中 1 是沙哑，0 是正常。发烧与咳嗽属性的范围是 0～3，数

字越大,情况越严重。

表 3-1 病人检查结果记录表

病人编号	性别	鼻塞	嗓子沙哑	痰	发烧	咳嗽
1	1	2	3	1	0	3
2	1	3	4	0	1	1
3	0	5	0	0	2	3
4	1	3	2	1	2	3
5	0	0	0	1	0	2
6	0	1	0	1	1	0
7	1	4	1	0	3	1
8	0	1	2	1	1	2

以属性鼻塞为例,该属性 8 个对象取值的平均值为 2.375,此处视低于均值的为没发生,高于均值的为发生,根据样本发生个数与样本总数的比值计算该属性的概率值 p(鼻塞)=0.5,根据式(3-1)知鼻塞属性的信息熵 H(鼻塞)=0.5,同样的方法可计算出所有属性的信息熵,根据式(3-2)得鼻塞属性的权值为 0.210 2,所有结果见表 3-2。

表 3-2 属性权值

X	$P(X)$	$H(X)$	归一化 $H(X)$	w
鼻塞	0.5	0.5	0.210 2	0.210 2
头痛	0.5	0.5	0.210 2	0.210 2
嗓子沙哑	0.625	0.423 8	0.178 2	0.178 2
发烧	0.375	0.530 6	0.223 1	0.223 1
咳嗽	0.625	0.423 8	0.178 2	0.178 2

对象 1 的原始检查记录值为 2,3,1,0 和 3,由表 3-2 知各属性的权值为 0.210 2,0.210 2,0.178 2,0.223 1 和 0.178 2,为 1 的各个属性

赋予相关权值之后变为 0.420 4,0.630 6,0.178 2,0 和 0.534 6,其他对象用同样的方法加权,经过计算后得到所有病人检查结果赋权后的值构成的数据集 DS′,见表 3-3。

表 3-3 病人检查结果赋权记录表

病人编号	性别	鼻塞	头痛	嗓子沙哑	发烧	咳嗽
1	1	0.420 4	0.630 6	0.178 2	0	0.534 6
2	1	0.630 6	0.840 8	0	0.223 1	0.178 2
3	0	1.051	0	0	0.446 2	0.534 6
4	1	0.630 6	0.420 4	0.178 2	0.446 2	0.534 6
5	0	0	0	0.178 2	0	0.356 4
6	0	0.210 2	0	0.178 2	0.223 1	0
7	1	0.840 8	0.210 2	0	0.669 3	0.178 2
8	0	0.210 2	0.420 4	0.178 2	0.223 1	0.356 4

在计算 Z 值的过程中,首先确定 Z-order 曲线的阶数。阶数代表空间被划分的程度,阶数越大,空间被划分的越细,对于阶数为 m 的 d 维空间,每维被划分为 2^m 份,空间则被划分为 2^{dm} 个网格,所以阶数的确定要依据数据集中最大的那个值 p_{ij},即 m 为满足 $m \geqslant \log_2(p_{ij}+1)$ $+1$ 的最小整数,这样才可保证所有对象都映射到 Z-order 曲线中。在本实例中,最大的属性值为 $1.051,m \geqslant \log_2(1.051+1)+1=2.036\ 3$,所以 m 为 3。为了便于理解,给出 1 阶与 2 阶的二维 Z-order 曲线图,图 3.1 中 2 阶图像的 (3,1) 点,位交叉之后对应的 Z 值 $(1011)_2=11$,具体计算过程如图 3.2 所示,其中 p_1、p_2 是点 p 每维属性的二进制编码。

用上述同样的方法先将表 3-3 中元素四舍五入得到整数,以对象 1 为例,各属性四舍五入之后的取值为 000,001,000,000 和 001,Z 值

$(000000000001001)_2 = 9$。依次可得出此 8 个对象的 Z 值分别为 9,24, 17,17,0,0,18 和 0,然后根据 Z 值的大小对数据集 DS' 中对象重新排列可得到 5,6,8,1,3,4,7 和 2,它们与拉直后的曲线的对应关系如图 3.3 所示。

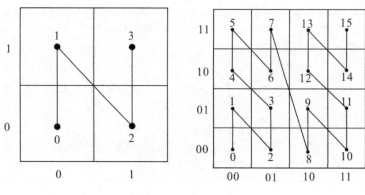

图 3.1 *Z-order* 曲线

(a) 1 阶 (b) 2 阶

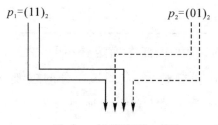

$$Z(p(p_1, p_2)) = (1011)_2 = (11)_{10}$$

图 3.2 点(3,1)的位交叉操作

图 3.3 拉直后的 Z-order 曲线

令近邻个数 $k=2$,以 1 为例进行加权 k 近邻查询,根据图 3.3 可知,1 的前驱是 6 和 8,后继为 3 和 4,那么 1 的加权 k 近邻候选集为 6, 8,3 和 4,数据集 DS' 根据随机平移向量进行平移后生成 6 个数据集副本,按照上面的查询方法在每个数据集中都可找到加权 k 近邻候选集,共 24 个近邻对象,去除重复对象,根据式(3-3)找到 1 的加权 k 近邻为 7 和 8。

3.2.4　基于加权 k 近邻的离群数据挖掘算法

在离群数据挖掘中,如果采用 k 近邻方法,需要考虑 k 个近邻与查询数据对象的关系,而目前已有的离群数据挖掘方法要么只考虑数据对象与其 k 个近邻的整体水平,要么只考虑与第 k 个近邻的关系,都不能很好的反映数据对象与其 k 个近邻的关系。在考虑整体水平的同时,也需考虑数据对象之间的个体差异性。

设查询对象 q 的加权 k 个近邻为 $\{q_1, \cdots, q_k\}$,根据式(3-3)可以计算出 q 同每个近邻的距离,标记为 $\{d_{q,q_1}, \cdots, d_{q,q_k}\}$,$d_{q,q_i}(i=1,2,\cdots,k)$ 是 q 与其最近第 i 个加权近邻 q_i 的距离。其中 q 与加权 k 近邻的最小距离为 $d_{\min} = \min\{d_{q,q_1}, \cdots, d_{q,q_k}\}$,平均距离为 $d_{\text{ave}} = \dfrac{1}{k}\sum_{i=1}^{k} d_{q,q_i}$,对 $d_{\min}$ 和 d_{ave} 求算术平均得到新的距离公式,即

$$d_q = \frac{d_{\min} + d_{\text{ave}}}{2} \qquad (3-4)$$

d_q 是在综合考虑 q 与其加权 k 近邻的整体水平与个体差异的基础上给出的一种判定依据,将定义前 TOP-N 个 d_q 值最大的点为离群点。

结合前面的描述,基于加权 k 近邻的离群数据挖掘算法如下所示。

算法 3.1　WKNNOM(outlier mining based on weighted k nearest neighbor)

输入:数据集 DS,数据对象数 n,维数 d,副本个数 f,近邻个数 k;

输出:离群对象;

1)根据式(3-1)、式(3-2)进行权值计算,得到加权数据集 DS';

2)for($i=0$;$i<f$;$i++$)

3)$v_i = (2^m i/(d+1), \cdots, 2^m i/(d+1))(i \in [0,d])$;//构建随机平移

向量，m 为阶数；

4) $\vec{DS^i} = \vec{DS} + v_i$；//构建数据集副本 DS^i 与后文 DS_i 不同；

5) $Z_i = \text{ComputeZ}(DS_i, n)$；//数据集 DS_i 中所有对象的 Z 值计算；

6) $C_i = \text{Candidate}(DS_i, n, k)$；//加权 k 近邻候选集的构造；

7) Endfor；

8) $C = C_1 \cup \cdots \cup C_f$；//对所有副本中的加权候选集进行整合；

9) $D_q = \text{WKNN}(DS_i, C, n, d, f, k)$；//所有对象的加权 k 近邻；

10) 返回 D_q 中值最大的前 TOP-N 个对象。

ComputeZ(DS_i, n)函数：

输入：数据集 DS_i，数据对象数 n；

输出：得到 Z 值集合 Z_i；

1) for(j＝0；j＜n；j＋＋)

2) 每个对象的属性值进行二进制编码；

3) 对二进制编码执行位交叉操作；

4) 位交叉的结果转为十进制即为该对象的 Z 值；

5) 将 Z 值加入集合 Z_i；

6) Endfor

Candidate(DS_i, n, k)函数：

输入：数据集 DS_i，数据对象数 n，近邻个数 k；

输出：所有对象的加权候选集 C_i；

1) for(j＝0；j＜n；j＋＋)

2) 查询比 q' 的 Z 值小的 k 个对象放入 Z^- 中，比 q' 的 Z 值大的 k 个对象放入 Z^+ 中；

3) 将 Z^-、Z^+ 插入到加权 k 近邻候选集 $C_i(q)$ 中；

4) Endfor

5)$C_i.$ add($C_i(q)$)

WKNN(DS_i, C, n, d, f, k)函数：

输入：数据集 DS_i，所有对象的加权 k 近邻候选集的整合 C，数据对象数 n，维数 d，副本个数 f，近邻个数 k；

输出：所有对象的 D_q 值；

1)for(j=0; j<n; j++){

2)for(t=0; t<2kf; t++){

3)　　for(l=0; l<d; l++){

4)　　　$dis_q = sqrt(dis_q + (q_l - p_{tl})^2)$；//计算对象 q 与 C(q)中元素的距离，其中 p_t 是 C(q)中第 t 个元素；

5)　　Endfor

6)　　Endfor

7)找到 dis_q 最小的 k 个对象为对象 q 的加权 k 近邻；

8)$d_q = \dfrac{d_{min} + d_{ave}}{2}$；//计算 q 与其加权 k 近邻的 d_q 值，d_{min} 是 q 与加权 k 近邻的欧式距离最小值，d_{ave} 是平均值；

9)$D_q.$ add(d_q)；

10)Endfor

在上述算法中，首先用式(3-1)和式(3-2)为整个数据集加权，得到数据集 DS'，并利用随机平移向量构建随机平移副本，其次通过 Z-order曲线计算每个副本中所有对象的 Z 值，存入集合 Z_i 中，如算法第 5)行调用函数 ComputeZ(DS_i, n)实现集合 Z_i 的构造，然后调用函数 Candidate(DS_i, n, k)构造 DS_i 中对象的加权 k 近邻候选集，接着调用 WKNN(DS_i, C, n, d, f, k)得到加权 k 近邻，并计算每个对象的 d_q 距离值，选出最小的前 TOP-N 个对象为离群对象。

算法 WKNNOM 的外循环共执行 f 次，内循环执行 n 次，每个副本中前驱与后继的插入操作共执行 $2k$ 次,因此该算法可以自动结束,不会陷入死循环。本算法首先要为数据的不同属性赋予相应的权值,然后在数据集的 f 个副本中访问查询对象 q 的 k 个前驱和 k 个后继,并且计算查询对象 q 与它们之间的距离,最后比较所有对象的 d_q 值大小,挑选出最小的前 TOP-N 个为离群对象,因此,算法 WKNNOM 的时间复杂度为 $O(fk)$。由于 WKNNOM 算法中需产生 f 个副本,每个副本中都存在 n 个对象,因此算法 WKNNOM 的空间复杂度为 $O(fn)$。

3.2.5 实验分析

实验环境:Intel(R)Core(TM)i5－4570 CPU,2G 内存,Windows7 操作系统,并采用 java 语言作为开发工具,实现 WKNNOM 算法。

表 3－4　UCI 标准数据集

数据集名称	Park	Drug	Diab	QSAR
对象个数/个	5 875	1 885	1 151	1 055
属性个数/个	26	32	20	41
异常值个数/个	59	19	12	11

实验数据:①人工合成数据集是利用 Microsoft Excel 的随机数据生成器来创建大量的数据,这些数据集遵循正态分布,期望为 0,方差为 1,同时向这些数据集中插入少量特殊数据对象作为异常,这些对象遵循 0 到 1 之间的均匀分布,数量占整个数据集的 1%。本节共创建了两组合成数据集,第一组为 D1,D2,D3 和 D4,分别包含 25,50,75 和 100 个属性,同时每个数据集由 2 000 个对象构成;第二组为 S1,S2,S3 和 S4,他们拥有 20 个属性,其数据对象个数分别为 10 000,20 000,30 000 和 50 000。②4 个 UCI 机器学习库中的数据集 Parkinsons Telemonitoring,Drug consumption(quantified),Diabetic Retinopathy Debrecen Data Set 和 QSAR biodegradation,为了方便标记,以下简称为 Park,Drug,Diab 和 QSAR,表 3－4 展示了各数据集的组成,其中异常值个数为数

据量的 1％，分别为 59，19，12 和 11。

1. 算法性能分析

该组实验采用人工合成的第一组数据集，即 D1、D2、D3 和 D4，用于评价 WKNNOM 算法的各项性能。图 3.4(a)展示了随着属性个数变化，WKNNOM 算法的准确性，维度越高，准确率略微下降，但整体保持平缓趋势。主要原因是由于在进行数据映射处理时用到了 Z-order 曲线，该曲线本身就能很好的适应高维数据，同时在进行加权 k 近邻查询时，还引入多个数据集副本，在不同副本中都进行加权 k 近邻查询，弥补了只在初始数据集查询的遗漏，有效提高加权 k 近邻的查询准确率，从而提升高维数据的离群挖掘准确率。

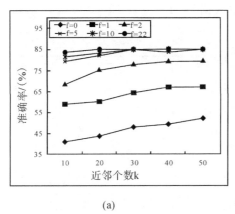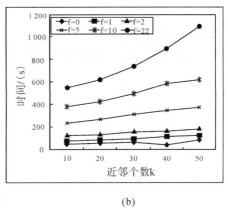

(a)　　　　　　　　　　　　　　(b)

图 3.4　不同维度下的算法性能

(a) 准确率；*(b)* 效率

图 3.4(b)所示为效率的比较趋势，相同数据量的数据集，随着维度的增加，耗时也在增加。主要原因是高维数据用 Z-order 曲线进行加权 k 近邻查询时，每个对象的查询时间都会因为维度的增加而增加，且加权距离的计算量与维度呈线性关系，处理时间线性增加，倾斜角度略高于线性。

该组实验数据采用人工合成的第二组数据集，即 S1，S2，S3 和 S4。图 3.5(a)所示为数据量发生变化时，算法的准确性变化趋势。在相同维度时,随着数据量的不断增大,离群数据挖掘的准确率略有波动,但都保持在较高水平。主要原因是每个对象在进行加权 k 近邻查询时,需要在每个数据集副本中,对查询对象的副本进行加权 k 近邻查询,并得到候选加权 k 近邻集,然后再对所有副本的候选集进行整合,找到最终的加权 k 近邻。对于大数据集也一样,虽然数据量变大了,每个对象的查询时间会更多,但这并不会在很大程度上影响查询结果的准确性。

图 3.5(b)所示为在维度不变的前提下,随着数据对象数的增加,算法耗时的变化情况。当数据量增加时,需要进行离群数据挖掘的对象增多,相应的每个副本中的对象数增多,对所有数据对象的加权 k 近邻查询耗时也多,所以算法耗时会随数据量的线性增加而增加,且倾斜趋势高于线性。

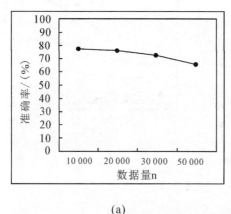

(a)

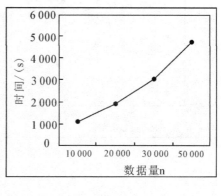

(b)

图 3.5 不同数据集下的算法性能

(a) 准确率;(b) 效率

2. 三种算法性能比较

该组实验采用 UCI 标准数据集 Diab,Park,Drug 和 QSAR,用于比较 WKNNOM 与 OMAAWD,partition-based 之间的性能差异。算法 OMAAWD 用信息熵区分不同属性的重要程度,同时结合剪枝技术来查询离群对象。partition-based 首先使用聚类算法对输入对象进行分区,并计算每个分区中对象的上下限,然后使用该信息来识别最有可能包含前 n 个异常值的分区,从中计算异常值。图 3.6(a)所示为不同数据集中三种算法的准确性变化趋势。每个数据集中,WKNNOM 的准确率都比其他两种算法高,且随着数据维度的不断增大,WKNNOM 也比其他两种算法检测的更准确。主要原因是 WKNNOM 在进行数据映射时,会对数据集进行随机平移,产生对个副本,每个副本中对象的近邻都是不同的,对所有近邻整合后再筛选,确保找到更精确的 k 个近邻对象。而 OMAAWD 要对数据集进行剪枝,有可能把真正的离群对象给剪掉,降低了准确度。partition-based 是将与其 k 个最近邻距离最大的前 TOP-N 个点视为离群点,但对距离相同的对象进行判断时,有可能存在一定的误差。

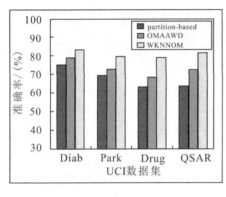 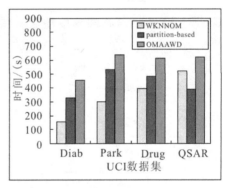

(a)　　　　　　　　　　　　　　　(b)

图 3.6　算法性能比较

(a) 准确率;(b) 效率

图 3.6(b 所示为不同数据集中三种算法的效率比较。WKNNOM 在 Diab、Park 和 Drug 这三个维度相对较低的数据集上耗时较少,且均低于算法 OMAAWD 和 partition-based,但在数据集 QSAR 上,WKNNOM 的耗时高于 partition-based。主要原因是 partition-based 的复杂度为 O(n),受 n 影响大,而 WKNNOM 主要受维度 d 影响,数据集 QSAR 的数据量少于 Drug,维度高于 Drug,所以 partition-based 的耗时呈下降

趋势,WKNNOM 呈上升趋势。

3. 副本数 f 对性能的影响

该组实验采用 UCI 标准数据集 Drug,用于比较不同副本个数(即参数 f)对算法 WKNNOM 的各项性能的影响。副本个数 f 分别设定为 0、1、2、5、10 和 31,其中:$f=0$ 代表原始数据集 DS。图 3.7(a)显示了同一数据集中不同副本个数 f 对准确率的影响。整体看来,f 值相同时,准确率随 k 值的增大呈上升趋势;k 值相同时,准确率随 f 值的增大而增大,且 f 值越大,准确率的提升速度越来越慢。例如 $f=1$ 与 $f=0$ 的副本个数差 1,但准确率却翻倍;$f=10$ 与 $f=31$ 的副本数差 21 个,准确率曲线却几乎完全重合。主要原因是随着副本个数的增加,对象的加权 k 近邻候选集的个数增多,但出现重复候选对象的个数也增多,那么准确率提高的速度便会减慢。

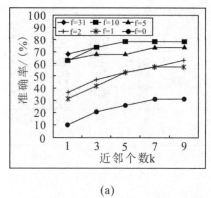
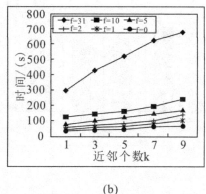

(a)   (b)

图 3.7　副本数 f 的性能

(a) 准确率;(b) 效率

图 3.7(b)所示为同一数据集中不同副本个数 f 对效率的影响。f 相同时,k 值越大,耗时越多;k 值相同时,副本个数越多,查询耗时也越多。主要因为 f 取值越大,每个对象的加权 k 近邻候选集越多,进行加权 k 近邻查询时要处理的对象越多,相应耗时也越多;同理,k 值越大,每个对象要查询的加权 k 近邻越多,耗时也越多。结合图 3.7(a)来看,

在一些对时间效率要求高的实例中，$f=10$ 是个不错的选择，$f=31$ 则适合于对离群数据挖掘结果的准确性要求非常高的实例。

3.3 基于 MapReduce 的并行加权 k 近邻与离群数据挖掘

信息时代的飞速发展，传统的 k 近邻离群数据挖掘已不能满足海量数据分析的实际需求。本章利用 MapReduce 编程模型，给出了一种并行加权 k 近邻与离群数据并行挖掘算法 WKNNOM－MR，并采用人工合成、UCI 标准数据集和天体光谱数据，在 Hadoop 集群上实验验证了该算法具有良好的可扩展性和可伸缩性。

3.3.1 问题提出

k 近邻查询是指根据相似性度量在数据集中查询与给定对象最近的 k 个数据对象，其中 LSH 算法是使用局部敏感哈希查找 k 近邻，通过哈希函数构建哈希桶，将相近的对象以较高的概率映射到相同的桶中，从而在每个桶中找出各自的最近邻。另一种经典算法是采用 Voronoi 图实现 k 近邻的查询，具体通过预处理、过滤和精炼三个阶段进行查询求解。但是随着大数据时代的到来，传统的方法已不能满足现实需求，算法的性能也有待进一步提升，从而加快了分布式数据计算的发展。例如，采用 KD-Tree 进行 k 近邻查询的并行离群数据挖掘算法，借助 MapReduce 框架进行实现，取得了较好的挖掘效果。同样地，在近似 k 近邻集查询中也有基于 MapReduce 框架并行算法，该算法将 LSH 技术应用在第一个 MapReduce 阶段，实现合理的分区映射，有效提高了 k 近邻的查询效率。除此之外，R-Tree 策略的并行算法实现 k 近邻并行查询，取得了较高的查询效果；基于 MapReduce 的相关子空间的局部离群数据挖掘方法，是利用局部稀疏差异度矩阵确定相关子空间，在其相关子空间中计算数据的离群因子，有效降低了"维灾"对离群数据挖掘的影响，实验证明该算法具有较好的挖掘效果及可扩展性和可伸缩性。因此,本节提出一种适合分布式实现的加权 k 近邻方法,用于解决海量数据集中离群数据挖掘问题。

3.3.2 WKNNOM 算法的并行化分析

MapReduce 是 Hadoop 平台上处理大数据集的编程框架,能够轻松运行在成千上万个普通机器的计算节点上,并且具有很高的容错性。一个 MapReduce 任务会将输入的数据集切分成独立的小块,经 Map 任务平行的分布在 DataNode 上,实现分布式处理;之后将 Map 的输出汇总到 Reduce 做进一步处理,得到最终结果。本节利用 MapReduce 的特性对 3.2 节提出算法进行并行化设计。

1. 局部敏感哈希 LSH

传统 k 近邻方法是在整个数据集中进行搜索,时间复杂度过高,不适合用于海量数据的 k 近邻查询。因此,一种近似 k 近邻查询方法 LSH 应用而生,该方法借助 MapReduce 框架处理大数据中的 k 近邻查询问题,其主要思想是使用一组哈希函数,使距离较近的数据对象以较高的概率分配到同一个哈希桶中,并且哈希桶的个数远小于数据对象的个数;在查询每个数据对象的 k 近邻时,通过计算查询对象的哈希值找到对应的哈希桶,计算桶中对象距查询对象的距离,返回距离查询对象最近的 k 个对象。

LSH 方法中局部敏感哈希定义如下:d_1,d_2 是距离度量 dist 的两个距离,如果哈希函数族 H 中的每个函数 h 满足如下两个条件,则哈希函数族 H 对于数据集 DS 中的任意对象 O_i 和 O_j 称为 (d_1,d_2,p_1,p_2)-sensitive:

1)如果 $dist(O_i,O_j) \leqslant d_1$,那么 $PrS[h(O_i)=h(O_j)] \geqslant p_1$;

2)如果 $dist(O_i,O_j) \geqslant d_2$,那么 $Pr[h(O_i)=h(O_j)] \leqslant p_2$;

其中 $d_1 < d_2$,$p_1 > p_2 \in [0,1]$,$Pr[\ ]$ 是概率,哈希函数 h 为

$$h_{\alpha,\beta(v)} = \left\lfloor \frac{\alpha v + \beta}{\omega} \right\rfloor \tag{3-5}$$

式中 v 是数据集中的数据对象，α 是与 v 同维度的随机向量，由正态分布产生，ω 是宽度值，因为 $\alpha v + \beta$ 得到的是一个实数，如果不加以处理，那么起不到桶的效果，因此 ω 是最重要的参数，调得过大，数据被划分到一个桶中去了，过小就起不到局部敏感的效果。β 使用均匀分布随机产生，均匀分布的范围在 $[0, \omega]$。

每一个哈希函数将一个 d 维数据对象映射到一个整数集，如果有 num 个哈希函数，则构成长度为 num 的哈希表：$g(v) = (h_{\alpha_1,\beta_1}(v),$ $h_{\alpha_2,\beta_2(v)}, \cdots, h_{\alpha_{num},\beta_{num}}(v))$，每个数据对象经哈希表映射为 num 维向量 $\boldsymbol{a} = (a_1, a_2, \cdots, a_{num})$，其中 $a_1, a_2, \cdots, a_{num}$ 是在整数域，这样的 num 元组就代表一个桶，根据哈希值将不同的对象分到不同的桶中。

2. 并行化分析

k 近邻查询是根据相似性度量，在数据集中查询与给定对象最近的 k 个数据对象，也就是只与给定对象的 k 个近邻有关，与其他对象无关。加权 k 近邻是在传统 k 近邻的基础上，对不同属性赋予不同权值，用于区分各属性的重要程度。因此，可以借助 MapReduce 编程框架，将大数据集切分为独立的小块，经 Map 任务平行的分布在 DataNode 上，在每个数据块中进行加权 k 近邻查询，进一步得到对象的离群因子，从而确定数据集中的离群对象。此外，由于数据属性越来越多，传统方法不能很好的用于处理高维数据，而 Z-order 曲线可以将高维空间的数据映射到线性空间，能够很好的保留高维空间数据的分布特点。因此，采用 Z-order 曲线进行空间数据映射，将高维空间中的加权 k 近邻查询变为线性空间中的范围查询，提高算法性能。本章提出的基于 MapReduce 的并行加权 k 近邻与离群数据挖掘算法（WKNNOM-MR）实现过程如图 3.8 所示。

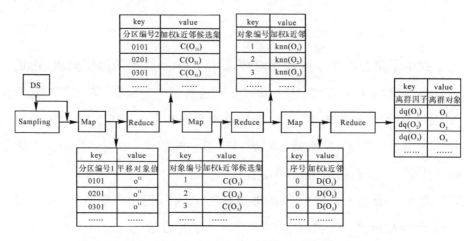

图 3.8　MapReduce 的实现过程

3.3.3　算法描述

1. 数据预处理

随着信息社会的发展,数据量不断增大,在考虑数据属性重要程度时,需要知道整体数据的分布特点,并对大量数据进行扫描,从而计算出权值,但此过程非常耗时,开销很大,因此,对数据集进行抽样,由样本数据集代替整个数据集的数据分布,从而用样本数据集的属性权值代替整个数据集的属性权值。

我们曾提出一种面向 kNN-joins 的采样技术(参阅 5.2 节),能通过样本数据的分布近似地获得原始数据集的分布特征,该采样技术根据集合 R 和 S 中数据的分布不同分为以下三种:如果已知 R,S 分布相同,则将 R,S 合为一个大数据集,从大数据集中随机均匀的抽出一部分数据作为样本数据集;如果 R,S 分布不同,则分别在 R,S 中进行不均匀的随机采样,得到两个不同的样本数据集;如果 R,S 的分布未知,则采用间隔取样法,在 R,S 中的相同间隔处进行抽样,得到两个等量的采样数据集。本节对大数据集中数据随机均匀采样,并通过实验证明采样比例在 1‰~2‰ 之间最佳。

得到样本数据集之后,根据公式(3－1)计算所有属性的信息熵,从而根据公式(3－2)确定各个属性的权值,并将结果保存到文件 Weighted 中,上传至 HDFS,以便在第一个 MapReduce 中对数据加权时调用。

2. 候选集产生算法

第一个 MapReduce 以 HDFS 上的数据集 DS 作为输入,首先为数据对象加权,然后根据随机平移向量得到对象的 f 个副本,最后构建对象的加权 k 近邻候选集,具体实现如算法 3.2 所示。在 Map 阶段,以键值对＜key 偏移量,value 数据集 DS＞作为输入,读取 Weighted 文件中的属性权值,对每个数据对象加权。同时由于数据量太大,有可能发生数据倾斜现象,造成每个计算节点上的工作量不均衡,使得一些计算节点成为性能瓶颈,因此,采用 LSH 数据划分策略,分散数据,平衡各计算节点的工作量。对于每个数据对象,根据公式(3－5)所示的哈希函数计算哈希值,然后由 num 个哈希值构成 num 元组,也就是该对象对应的桶号,如第 4)～6)行所示。接下来根据随机平移向量 $\vec{v_i}$ 构建 f 个数据对象副本,其中每个对象副本的桶号是相同的,最后输出＜key 分区编号 1,value 平移对象值＞,分区编号 1 由副本号、桶号组成,如第 7)～10)行所示。接下来,这些具有相同 key 值的平移对象合并之后发送到指定 reduce 计算节点,作为 Reduce 的输入。在 Reduce 阶段,根据位交叉计算每个对象的 Z 值,如第 14)～17)行所示;同时通过比较 Z 值大小,得到每个对象的前驱与后继,并加入对象的加权 k 近邻候选集中,如第 19)～22)行所示;最后将＜key 分区编号 2,value 加权 k 近邻候选集＞作为第一个 MapReduce 的输出,将输出结果存到 HDFS 的文件中,此文件作为第二个 MapReduce 的输入,其中分区编号 2 由副本号、对象编号组成。

算法 3.2　构造数据集副本中所有对象的加权 k 近邻候选集。

输入:数据集 DS;

输出:加权 k 近邻候选集:

1) function MAP(key 偏移量, value 数据集 DS);

2) for each O in DS   //O 是 DS 中的一条数据;

3)   读取 HDFS 上的 Weighted 文件, 根据文件中的属性权值为数据对象加权;

4) $h_{\alpha,\beta(v)} = \left\lfloor \dfrac{aO+\beta}{\omega} \right\rfloor$, //根据式(3-5)计算哈希值;

5) $g(O) = \left[\left\lfloor \dfrac{a_1O+\beta_1}{\omega} \right\rfloor, \left\lfloor \dfrac{a_2O+\beta_2}{\omega} \right\rfloor, \cdots, \left\lfloor \dfrac{a_{\text{num}}O+\beta_{\text{num}}}{\omega} \right\rfloor \right]$;

//得到哈希表;

6) $a = (a_1, a_2, \cdots, a_{\text{num}})$; //桶号;

7)   for(i=0; i<f; i++){

8) $v_i = (2^m i/(d+1), \cdots, 2^m i/(d+1))$; //构建随机平移向量,
m 为阶数;

9) $O^i = O + \vec{v_i}$; //构建数据对象副本;

10)   emit(分区编号 1, 平移对象值);

11)   End for

12) End function

13) function REDUCE(key 分区编号 1, values 平移对象集)

14) for(i=0; i<n1; i++){//n1 是当前分区中的对象个数;

15)   对每个对象属性值的二进制编码执行位交叉操作;

16)   位交叉的结果转为十进制即为该对象的 Z 值;

17) End for

18) for(j=0; j<n1; j++){

19)   查询比 q' 的 Z 值小的 k 个对象放入 Z^- 中, 比 Z 值大的 k 个对象放入 Z^+ 中;

20)   将 Z^-; Z^+ 插入到加权 k 近邻候选集中;

21)   emit(分区编号 2, 加权 k 近邻候选集); //分区编号 2 由副本

号、对象编号组成;

22)End for

23)end function

3. 加权 k 近邻并行搜索算法

第二个 MapReduce 读取第一个 MapReduce 的输出文件,根据每个对象与其加权 k 近邻候选集中所有对象的距离确定最终的加权 k 近邻,具体实现见算法 3.3。在 Map 阶段,以键值对<key 偏移量,value 加权 k 近邻>作为输入,分割每条读入数据,得到当前对象的编号,以<key对象编号,value 加权 k 近邻候选集>作为输出,如第 1)~3)行所示。再将同一对象编号的 value 进行合并,作为 reduce 的输入。在Reduce阶段,输入为每个对象与其所有的加权 k 近邻候选集,根据欧氏距离公式计算每个对象与加权 k 近邻候选集中所有元素的距离,确定距离最小的 k 个对象为加权 k 近邻,最后以键值对<key 对象编号,value 加权 k 近邻>的形式输出,如第 6)~11)行所示。输出结果存入 HDFS 的文件中,该文件作为第三个 MapReduce 的输入。

算法 3.3:计算对象的加权 k 近邻

输入:第一个 MapReduce 的输出

输出:加权 k 近邻

1)function MAP(key 偏移量,value 加权 k 近邻候选集)

2)　　对读入的数据进行切分;

3)　　emit(对象编号,加权 k 近邻候选集);

4)end function

5)function REDUCE(key 对象编号,values 加权 k 近邻候选集)

6)　　for(i=0; i <2kf; i++){

7)　　　for(j=0; j <d; j++){

8)　　　　$dis_q = sqrt(dis_q + (q_j - p_{ij})^2)$;

9)   End for

10)   End for

11)   找到 dis_q 最小的 k 个对象为对象 q 的加权 k 近邻；

12)   emit(对象编号,加权 k 近邻);

13)end function

4. 离群数据并行检测算法

第三个 MapReduce 读入第二个 MapReduce 的输出文件,根据每个对象与其加权 k 近邻之间的距离计算离群因子,确定前 TOP-N 个离群因子最大的对象为离群对象,具体实现见算法 3.4。在 Map 阶段,以键值对<key 偏移量,value 加权 k 近邻>作为输入,根据欧式距离计算每个对象与其加权 k 近邻的距离,从而计算出每个对象与 k 个加权近邻中最近近邻的距离 d_{min} 以及平均距离 d_{ave},然后根据公式(3-4)计算每个对象的离群因子 d_q,输出<key 序号,value 分区编号 3>,如第 2)~7)行所示。序号全部设为 0,这是为了在 Reduce 阶段可以一次读入所有对象,分区编号 3 由对象编号、离群因子 d_q 组成,经整合后将所有 value 输入 Reduce 计算节点。在 Reduce 阶段,比较所有对象的离群因子 d_q,将离群因子最大的 TOP-N 个对象输出,输出形式为<key 离群因子,value 离群对象>,如第 11)~13)行所示,此结果即为 WKNNOM-MR 离群数据挖掘算法的结果。

算法 3.4 计算离群因子,确定离群对象

输入:第二个 MapReduce 的输出

输出:前 TOP-N 个离群对象:

1)function MAP(key 偏移量,value 加权 k 近邻);

2)   for(i=0; i<k; i++){

3)   for(j=0; j<d; j++){

4) $dis_q = sqrt(dis_q + (q_j - p_{ij})^2)$;//计算对象 q 与 C(q)中

元素的距离;

5)　　　End for

6)　　End for

7)　　$d_q = \dfrac{d_{min} + d_{ave}}{2}$;//计算对象 q 的离群因子值 d_q

8)　　emit(0,分区编号 3);//分区编号 3 由对象编号、离群因子 d_q 组成;

9)end function

10)function REDUCE(key 0,values 分区编号 3)

11)　　for(i=0; i<n; i++){

12)　　　比较 n 个对象的 d_q 值大小,保留最大的 TOP-N 个;

13)　　End for

14)　　emit(离群因子,离群对象);

15)end function

3.3.4　实验分析

为了更全面的评价算法 WKNNOM-MR 的各项性能,本节选取 UCI 标准数据集、人工合成数据集和天体光谱数据进行实验,在 UCI 数据集下对不同算法的性能进行比较,人工数据集下测试算法的有效性、伸缩性以及可扩展性。

1. UCI 数据集

实验环境:硬件配置为 Intel(R)Core(TM)i5-4570 CPU,8GB 内存,Windows7 操作系统的笔记本一台,在虚拟机 VMware-workstation-12.0.0 上安装 Ubuntu14.04 操作系统,分布式平台为 hadoop2.6.0,集成开发环境为 Eclipse,采用 java 语言实现 partition-based、OMAAWD 及伪分布环境下的 WKNNOM-MR 算法。

实验数据:4 个 UCI 机器学习库中的数据集,Image Segmentation,

MEU-Mobile KSD,Anuran Calls(MFCCs)和 EMG Physical Action Data Set，为了便于标记，以下简称为 Ima、MEU、Anu 和 EMG，表 3-5 展示了各数据集的组成，其中异常值个数为数据量的 1%，分别为 24,29,73 和 99。

表 3-5   UCI 标准数据集

数据集名称	Ima	MEU	Anu	EMG
对象个数/个	2 310	2 856	7 195	9 725
属性个数/个	19	71	22	8
异常值个数/个	24	29	73	99

(1)参数 k、f 对算法 WKNNOM-MR 的性能影响。该组实验采用 UCI 标准数据集 Anu，比较不同副本个数(即参数 f)对算法 WKNNOM-MR 各项性能的影响。副本数 f 设定为 0,1,2,5,10 和 22，其中：$f=0$ 代表原始数据集 DS。图 3.9(a)所示为在同一数据集中，不同副本个数 f 对离群数据挖掘结果准确率的影响。当 f 相同 k 不同时，准确率随 k 值的增大呈上升趋势；k 相同 f 不同时，准确率随 f 值的增大而增大，且准确率的提升速度越来越慢。例如 $f=1$ 与 $f=0$ 的副本个数差 1，但准确率却变化很大，$f=2$ 与 $f=1$ 的变化速度也很明显；$f=5,10,22$ 三者虽然副本数相差较多，但准确率曲线却几乎完全重合。发生这种现象主要是因为在第一个 MapReduce 的 Map 阶段，对数据集中的所有对象构建数据集副本，副本数越多，Reduce 阶段的任务数越多，加权 k 近邻候选集越庞大，出现重复对象的个数也越多，那么准确率提高的速度就会降低，到达某个峰值后不再变化。

图 3.9(b)显示了同一数据集中不同副本数 f 对效率的影响。f 值相同时，k 值越大，耗时越多；k 值相同时，副本数越多，查询耗时也越多。主要是因为在第一个 MapReduce 中，副本数越多，输出加权 k 近邻候选集越多，进入第二个 MapReduce 后，需要通过比较删除众多的重复对象，之后再确定最终的加权 k 近邻，同理，k 值越大，每个对象要

查询的加权 k 近邻越多,耗时也越多。结合图 3.9(a)来看,$f=2$ 时,离群数据挖掘结果的准确率不低,同时耗费的时间也不是很多,会是个合适的选择。

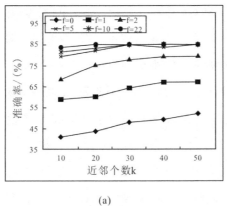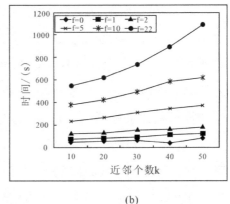

(a) (b)

图 3.9　副本数 f 的性能

(a) 准确率　　(b) 效率

(2)不同算法性能的对比。该组实验采用 UCI 标准数据集 Ima,MEU,Anu 和 EMG,比较 WKNNOM-MR、partition-based 和 OMAAWD 三者之间的性能差异。算法 OMAAWD 用信息熵区分不同属性的重要程度,同时结合剪枝技术来查询离群对象;partition-based 使用聚类算法对输入对象进行分区,并根据每个分区中对象的上下限来判断异常值,而 WKNNOM-MR 使用 MapReduce 框架实现并行算法,并在伪分布环境下进行实验。

图 3.10(a)所示为不同数据集中三种算法的准确性变化趋势,WKNNOM-MR 的准确率最高,partition-based 最小,且随着数据量的变化,WKNNOM-MR 的准确率仍然最高。这是因为 WKNNOM-MR 的第一个 Map 阶段会为每个对象构建副本,在进行加权 k 近邻查询时,每个副本对象的近邻都是不同的,那么对所有近邻整合筛选后确定的加权 k 近邻肯定更为准确,相应的离群因子也更为真实,得到的离群对象更为准确。算法 OMAAWD 要对数据集进行剪枝,有可能把真正

的离群对象给剪掉,从而影响准确度。而 partition-based 是将与其 k 个最近邻距离最大的前 TOP-N 个点视为离群点,但对距离相同的对象进行判断时,会存在一定的误差。

图 3.10(b)所示为不同数据集中三种算法的耗时变化,在 Ima 数据集中 WKNNOM-MR 的耗时最多,而在 Anu、EMG 数据集中,WKNNOM-MR 的耗时最少,效率最高。这是因为当数据量较小时,HDFS 文件系统中的数据块数较少,对于伪分布环境下的 WKNNOM-MR 算法来说,整个计算过程几乎是顺序执行,不能发挥其并行计算的优势,而数据量较大时,数据块数增多,使用 MapReduce 计算优势明显,并行计算提高效率。算法 partition-based 的时间复杂度为 $O(n)$,受 n 影响大,因此在数据集 EMG 中的耗时最多,OMAAWD 算法的复杂度为 $O(dn)$,与整个数据集的数据量成正比,在 MEU 中的耗时最多。

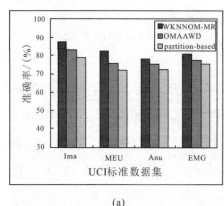
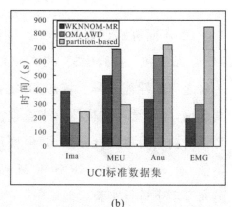

(a)　　　　　　　　　　　　(b)

图 3.10　算法性能比较

(a) 准确率;(b) 效率

2. 人工数据集

实验环境:由 5 个计算节点构成的集群,每个节点的配置为 2-core CPU,2G 内存、40G 硬盘,每个节点的操作系统为 Ubuntu14.04,分布式平台为 hadoop2.6.0,集成开发环境为 Eclipse,编程语言为 Java。

实验数据:利用 Microsoft Excel 的随机数据生成器来创建大量的

人工数据,这些数据集遵循正态分布,期望为 0,方差为 1。本章共创建了两组合成数据集,第一组为 D1,D2,D3,D4 和 D5,分别包含 20,40,60,80 和 100 个属性,同时每个数据集由 500 000 个对象构成;第二组为 S1,S2,S3,S4 和 S5,他们拥有 50 个属性,其数据对象个数分别为 200 000,400 000,600 000,800 000 和 1 000 000。

(1)维度 d 对算法 WKNNOM-MR 挖掘效率的影响。本组实验采用第一组人工数据集 D1,D2,D3,D4,D5 来评价 WKNNOM-MR 的性能,取计算节点个数为 3,4,5,$k=30$,实验结果如图 3.11 所示。

图 3.11(a)所示为集群计算节点不同时,数据维度对算法挖掘效率的影响。随着维度的增加,算法 WKNNOM-MR 的挖掘时间逐步递增,运行效率递减,同时数据量不变的情况下,计算节点个数越少,算法的运行时间越长,效率越低。这是因为随着数据维度增大,每条数据的属性不断增多,那么在使用 Z-order 曲线进行空间映射时,Z 值的计算更复杂,耗时更多,导致加权 k 近邻查询时,每个对象的查询时间随之增加,且加权距离的计算量与维度呈线性关系,处理时间线性增加,整个离群数据挖掘的运行时间增加。数据量不变的情况下,HDFS 文件系统中的数据块数不变,那么计算节点个数越多,每个计算节点上的运行块数越少,整个运行时间便会成比例降低,但是在实际运行中,计算节点个数越多,网络传输耗时也会增加,所以下降比例略有变化。

图 3.11(b)是计算节点个数为 3,4,5 时的时间比变化图,随着维度的增加,时间比不断提高,且计算节点个数越多,时间比越大,曲线的倾斜角度逐渐高于线性。这是因为随着维度的增加,数据集容量不断变大,HDFS 文件系统中的数据块变多,每个计算节点上的数据对象越多,集群的 I/O 耗时越多,那么在 Map 与 Reduce 之间的 Shuffle 代价不断增加,导致数据维度越大,时间比越大。同时,计算节点个数越多,网络传输耗时越多,从而时间比越大。

(2)算法 WKNNOM-MR 的伸缩性。本组实验采用第二组人工数

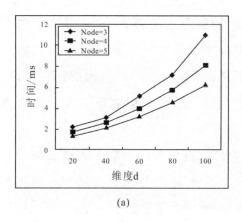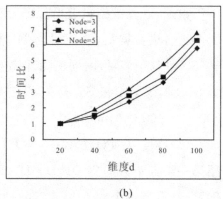

(a)　　　　　　　　　　　(b)

图 3.11　维度对挖掘效率的影响

（a）准确率；（b）效率

据集 S1,S2,S3,S4,S5 来评价 WKNNOM-MR 的伸缩性,取计算节点个数为 3,4,5,$k=30$,实验结果如图 3.12 所示。

　　图 3.12(a)所示为计算节点个数不同时,数据量对 WKNNOM-MR 挖掘效率的影响,数据量越大,算法运行时间越长,且计算节点个数越多,算法的运行时间越少,效率越高。这是因为 Hadoop 平台的任务数是由 HDFS 分配给计算节点的数据块数决定的,数据量越多,每个计算节点上分配的数据对象也越多,导致每个计算节点要处理的任务量越多。同时对象个数越多,第一个 MapReduce 阶段需要构建的数据副本越多,最后生成的加权 k 近邻候选集越多,导致离群对象的查找随数据量的增加而线性增长。同样数据量不变时,计算节点个数越少,每个计算节点上运行的数据对象越多,负荷越大,运行时间越长,即算法的运行时间与计算节点个数成反比。

　　图 3.12(b)是计算节点个数为 3,4,5 时的时间比变化图,数据量越大,时间比越大,且计算节点个数越多,时间比越大,曲线倾斜角度逐渐高于线性。这是因为随着数据量的增大,HDFS 文件系统中的数据块变多,分配到各个计算节点上的数据对象也会随之增加,第一个 Map 阶段之后的 Shuffle 操作代价增大,导致整个分布式运行时间变多,时

间比不断变大。同时计算节点个数增加,网络传输耗时增加,带来运行的额外耗时变多,造成了时间比的增加。

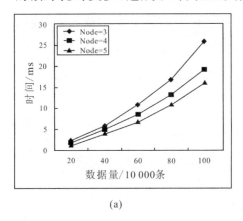

(a)

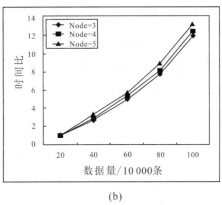

(b)

图 3.12　数据量对挖掘效率的影响

(a) 准确率;(b) 效率

(3)算法 WKNNOM-MR 的可扩展性。本组实验采用第二组人工数据集中的 S1,S3 和 S5,数据量为 200 000,600 000,1 000 000 条数据,每条数据有 50 个属性,取 $k=30$ 进行实验,实验结果如图 3.13 所示。

图 3.13(a)所示为不同数据集中计算节点个数对挖掘效率的影响,计算节点个数越少,数据量越大的数据集消耗的时间越多。因为算法中各个数据对象离群因子的计算完全可以实现并行化,Z 值的计算不会受计算节点个数的影响,相应的加权 k 近邻候选集的构建也与计算节点数无关,整个计算过程的计算量只与数据对象个数成线性关系,数据对象按计算节点个数比例分配到各计算节点。同时随着计算节点的增加会增加一些网络传输量,Shuffle 阶段受到影响,并行化的效果减弱,因此变化逐渐趋于缓慢。

图 3.13(b)是计算节点个数不同时,不同数据集的运行加速比变化趋势,计算节点个数越多,加速比越大,且数据量越少,加速比也越大,曲线整体变化趋势逐渐低于线性。因为数据量越少,HDFS 文件系

统中的数据块越少,每个计算节点上的数据对象越少,查询所有对象的加权 k 近邻所需时间也会减少,集群 I/O 耗时较少,这些额外耗时对加速比的影响较小,因此加速比越大。同时集群计算节点个数越多,算法的运行时间越短,理论上加速比应与计算节点数成线性关系,但在实际操作过程中,计算节点个数的增加带来网络传输量的增加,因此并行化的效果会逐渐降低。

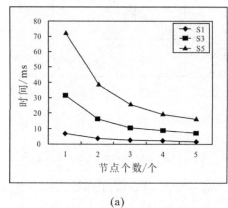
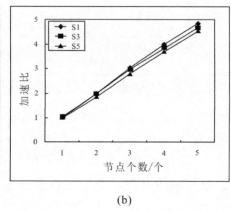

(a)　　　　　　　　　　　　　　　(b)

图 3.13　计算节点个数对挖掘效率的影响

(a) 准确率;(b) 效率

3. 天体光谱数据

实验环境:由 5 个计算节点构成的集群,每个节点的配置为 2-core CPU,2G 内存、40G 硬盘,每个节点的操作系统为 Ubuntu14.04,分布式平台为 hadoop2.6.0,集成开发环境为 Eclipse,编程语言为 java。

实验数据:数据维度是 44、数据量为 74 618 的天体光谱数据。在实验开始前,需对数据集做以下处理:①除去文件名、sn_g 信噪比和红移值,得到 44 根光谱特征线,每根特征线所含有的两个维空间表示高度和宽度;②除去无效值;③计算每根特征线的高度×宽度,以面积表示特征线之间的差异,从而得到 44 条光谱特征线作为属性。

本组实验用来测试天体光谱数据中计算节点对挖掘效率的影响,结果如图 3.14 所示。图 3.14(a)所示为使用天体光谱数据实验后计算节点个数对运行效率的影响,计算节点个数越多,整体的消耗时间越少,且 k 值越大,耗时越多。因为算法中在计算数据对象的离群因子时,采用了并行化计算,其中加权 k 近邻候选集的构建与节点数无关,但会受 k 值大小的影响,k 值越大,每个对象的加权 k 近邻候选集越大,从中找出加权 k 近邻就越耗时,得到最终离群数据就越慢。另一方面,随着计算节点的增加会,网络传输量也会随之增加,Shuffle 阶段受到影响,整体变化逐渐趋于缓慢。

图 3.14(b)所示为使用天体光谱数据实验后,计算节点变化时,k 取值不同时运行加速比的变化趋势,计算节点个数越多,加速比越大,且 k 值越少,加速比也越大,曲线整体变化趋势逐渐低于线性。因为 k 值越小,查询所有对象的加权 k 近邻所需时间也会减少,集群 I/O 耗时较少,这些额外耗时对加速比的影响较小,因此加速比越大。另一方面,集群计算节点个数越多,算法的运行时间越短,理论上加速比应与计算节点数成线性关系,但在实际操作过程中,计算节点个数的增加带来网络传输量的增加,因此并行化的效果会逐渐降低。

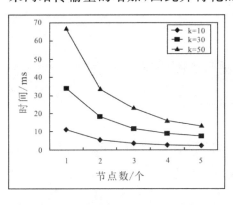

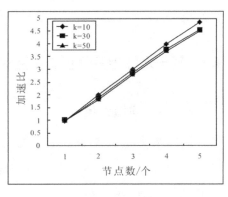

(a)　　　　　　　　　　　　　　　(b)

图 3.14　计算节点对挖掘效率的影响(天体光谱数据)

第4章 基于属性约减的子空间离群挖掘方法及并行化

离群数据检测中,传统算法往往具有较高的时间复杂度,难以适应高维的数据特征。本章利用属性约减和稀疏子空间的思想,提出了一种局部离群数据检测方法——LOMA。该算法首先通过分析高维数据属性之间的相关性,剪枝一些与离群检测不相关的属性和对象,达到缩小原始数据集的目的;其次采用稀疏子空间检测局部离群数据,并将粒子群优化方法用于稀疏子空间的搜索过程;然后在 Hadoop 编程环境下,设计并开发了基于 MapReduce 的并行算法——PICO;最后实验验证了 LOMA 算法的效率和准确性以及 PICO 算法的并行扩展性能及可解释性。

4.1 基于属性相关分析的子空间离群数据挖掘

4.1.1 问题提出

离群数据检测作为数据挖掘领域的重要研究内容之一,其目的是从原始数据集中,识别与大多数对象具有明显差异的个别对象,在信用卡欺诈、网络鲁棒性分析、入侵检测等领域得到了广泛的应用。现有的大多数离群检测算法主要从全局的角度识别离群数据,难以适应高维的数据集。随着信息获取技术的发展,高维数据呈现爆炸性增长,急需改进或提出新的离群数据检测方法以适应新的数据特征。本节提出了一种基于属性相关性分析的局部离群检测方法——LOMA,通过数据约减方案删除高维数据集中不相关的属性和对象,较大程度地提高离群数据检测的效率;同时还采用粒子群优化算法搜索稀疏子空间,从而实现局部离群数据的有效检测。

(1)研究动机。采用 LOMA 实现局部离群数据检测主要源于以下3 个因素:

1)迫切需要设计并开发一种面向高维数据集的局部离群检测算法。当数据集庞大时,全局离群数据的检测将非常耗时、难以实现,而且其离群结果同局部离群相比具有较少的研究价值。Breunig 和 krigeel 曾提出局部离群数据检测的思想,但是在他们的算法中,需要对数据集中的每个对象设置离群度,很显然该算法不能适用于高维数据集。在本章中,局部离群数据是包含在低维子空间中的一些数据对象,这些对象的数目远远低于平均值。在高维数据集中,局部离群数据被投影到多个不同的子空间。因而,如何找到包含局部离群数据的子空间是高维离群数据检测的关键问题。

2)在高维数据集中,存在许多同离群数据不相关的属性和对象(即稠密的属性和对象),因而,数据的约减是至关重要的。在许多真实高维数据集中,存在一些同离群特征无关的稠密属性,这些属性会影响离群数据的检测。随着属性维的增加,离群数据的特征可能被弱化,因而从全维空间中检测离群数据不切实际且毫无意义。这种稠密的属性不仅降低了离群数据检测算法的效率,而且对检测结果的准确性带有一定的负面影响。如果从全维空间中度量一个对象同其它对象的偏离程度,那么多数现有离群检测算法的效率将变得极其低下。基于这一因素,高维数据集中的离群数据检测是非常重要且具有较大的挑战性。

3)搜索子空间的方法具有非常低的效率。在现实生活中,高维数据集往往带有较多噪音,离群数据的偏差可能嵌入在一些低维子空间,而不是全维空间中。也就是说,局部离群数据可以映射在低维子空间,通过搜索子空间能够有效检测离群数据。不幸的是,由于数据集中维数和对象数目的指数增长，子空间检测本质上成为一个 NP 问题。对于高维数据集，直接的穷举搜索方法显然无法解决此类问题。

（2）主要工作。基于以上 3 个动机，本章从以下几方面进行了研究：

1）采用属性相关分析来实现离群检测中的数据约减技术。

2）粒子群优化算法被用于搜索稀疏子空间，从而有效提高离群检测算法的效率。

3）针对高维数据，设计并开发一个局部离群检测算法——LOMA。

4.1.2　数据约减

在高维数据的离群数据检测中，高准确性和高效率一直是研究的主要目标。大多数现有离群检测算法在用于高维数据的时候，算法效率变得极其低下，因此本节研究一种数据约减方法，旨在运行离群数据检测算法之前减少属性和数据对象的数量。我们通过属性相关性分析来识别呈现聚类结构的所有属性维，这些属性通常会聚集在稠密区域且对离群数据检测毫无意义。通过属性相关分析，将数据集中的属性分割成离群数据相关维和离群数据无关维。无关维可组成一个包含稠密点的子空间，而相关维组成的是稀疏子空间。

1. 属性相关分析

在介绍属性相关分析之前，先引入一些符号和定义。假设 DS 为 d 维特征空间中的一个数据集，且含有 N 个对象。在 DS 中，d 维属性集被形式化描述为 $A=\{A_1,A_2,\cdots,A_d\}$，对象集可描述为 $O=\{O_1,O_2,\cdots,O_N\}$。其中 $O_i=\{o_{i1},o_{i2},\cdots o_{id}\}$，$o_{ij}$（$i=1,2,\cdots,N;j=1,2,\cdots,d$）是数据对象 O_i 在属性 A_j 上相应的值。在本文中，o_{ij} 被称为 1D-point。

属性相关性分析的任务是通过检测每个属性维的稠密区域来剪枝不相关的属性，其中稠密区域可看作拥有稠密 1D-point 的对象集合。在这些对象集合中，1D-point 的投影值呈现聚类结构。换言之，稠密区域由一些具有相似特征的对象组成,它体现出比其周围区域更高的密度。因此,数据集中的属性将被划分成两部分,一部分属性同离群数据密切相关,称之为相关属性维;另一部分属性同离群数据不相关,称之为无关属性维。为了检测属性的稠密区域,使用 k 个最近邻居(即 kNN)计算每个 1D-point 的稀疏因子。

给定一个 1D-point o_{ij},即对象 O_i 在属性 A_j 上的值,稀疏因子被定义为 λ_{ij},形式化描述为

$$\lambda_{ij} = \frac{\sum_{y \in p_i^j}(y - c_i^j)^2}{k+1} \qquad (4-1)$$

式中,$p_i^j(x_{ij}) = \{nn_k^j(x_{ij}) \bigcup o_{ij}\}$ 表示 o_{ij} 和它的 k 个近邻集合,显然地,该集合包含 $k+1$ 个元素,即 $|p_i^j(o_{ij})| = k+1$。c_i^j 是集合 $p_i^j(o_{ij})$ 的中心值,因此,$c_i^j = \frac{\sum_{y \in p_i^j(o_{ij})} y}{k+1}$。

由式(4-1)很容易看出,当稀疏因子 λ_{ij} 是一个大值的时候,其相应的 o_{ij} 将位于一个稀疏区域,相反地,当 λ_{ij} 是一个小值的时候,o_{ij} 属于一个稠密区域。为了量化 λ_{ij} 值的大小,进而区分稀疏和稠密区域,特引入稀疏因子阈值 ε。

定义 4.1 稀疏区域和稠密区域:给定一个稀疏因子阈值 ε,1D-point o_{ij} 及其稀疏因子 λ_{ij},如果 $\lambda_{ij} < \varepsilon$,说明 o_{ij} 同周围其余点相比具有较小的差异性,该点处于一个稠密区域,反之,如果 $\lambda_{ij} \geq \varepsilon$,说明 o_{ij} 同周围其余点相比具有很大的差异性,该点处于一个稀疏区域。

我们采用 Z_{ij} 表示 1D-point o_{ij} 的稀疏密度值,当 Z_{ij} 被设置为 1,即 $Z_{ij} = 1$,表示 o_{ij} 位于一个稠密区域。反之,$Z_{ij} = 0$ 表明 o_{ij} 位于一个稀疏区域。因此,如果 $\lambda_{ij} < \varepsilon$,那么 $Z_{ij} = 1$;否则,如果 $\lambda_{ij} \geq \varepsilon$,那么 $Z_{ij} = 0$。

应用定义 4.1,所有 1D-point 的 Z_{ij} 值能组成一个矩阵,将其称为稀疏密度矩阵,用 $Z_{(n \times d)}$ 来表示,该矩阵将用于数据集的约减。在计算 Z_{ij} 时需要配置参数 k 值,即 1D-point 的最近邻居的个数。当 k 是一个较

小值的时候，稀疏因子 λ_{ij} 变得没有意义，其理由是稀疏因子的计算可能来源于不精确的近邻。当然，k 也应该远小于数据集中的对象个数 N。根据他人对 k 近邻的研究以及我们的实验分析，将 k 配置为 $\sqrt{N}$。而在实际应用中，用户可以根据领域知识对参数 k 进行调整。在 k 近邻计算中，参数 k 的大小直接影响运算效率。在 LOMA 算法中，k 近邻的计算是在一维空间上完成，这同高维上的 k 近邻计算相比，其对效率的影响可忽略不计。

2. 实例分析

现在使用一个实例来解释针对离群数据检测的数据约减过程，即从给定的原始数据矩阵(见表 4 - 1)如何生成稀疏密度矩阵(见表 4 - 2)；然后从稀疏密度矩阵中如何获得稀疏区域和稠密区域，并对原始数据进行约减。

表 4 - 1 病人数据集

A_1	A_2	A_3	A_4	A_5	A_6	A_7	A_8
1	1	47	1	0	1	36	0
2	1	41	0	3	0	37	1
3	1	30	1	3	1	38	2
4	0	33	5	3	1	38	2
5	0	42	5	3	1	38	2
6	0	67	2	1	0	39	1
7	0	54	2	2	0	39	2
8	0	28	4	5	1	41	3
9	0	41	3	2	1	39	2
10	1	42	2	2	0	39	2
11	1	64	2	2	0	40	2
12	1	52	2	3	0	38	2

表 4 - 2　病人数据集的稀疏矩阵 Z

A_1	A_2	A_3	A_4	A_5	A_6	A_7	A_8
1	1	0	0	0	1	0	0
2	1	1	0	1	1	0	0
3	1	0	0	1	1	1	1
4	1	0	0	1	1	1	1
5	1	1	0	1	1	1	1
6	1	0	1	0	1	1	0
7	1	0	1	1	1	1	1
8	1	0	0	0	1	0	1
9	1	1	1	1	1	1	1
10	1	1	1	1	1	1	1
11	1	0	1	1	1	1	1
12	1	0	1	1	1	1	1

　　表 4 - 1 是由患者病例信息组成的原始数据集,包括 8 个属性和 12 个数据对象。属性 A_1 至 A_8 分别代表记录号、性别,年龄,鼻塞,头痛,痰,体温和感冒。属性 A_2,值为 1 表示男性,值为 0 表示女性;属性 A_4 和 A_5 值的范围从 0 到 5,代表症状从轻微到严重。属性 A_6,值为 1 表示有痰,值为 0 表示无痰。属性 A_8 值的范围从 0 到 3,表明感冒是从轻微到严重。给定表 4 - 1 的原始数据集,参数 k 设定为 3,每个 1D-point 的稀疏因子 λ_{ij} 可根据公式(4 - 1)进行计算。将稀疏因子阈值设为 0.5(即 $\varepsilon = 0.5$),根据定义 4.1 得到的每个稀疏因子与阈值 ε 相互比较,可得到每个 1D-point 的稀疏密度值 Z_{ij},所有 Z_{ij} 组成稀疏密度矩阵(见表 4 - 2)。

　　从表 4 - 2 中能观察到属性 A_2 和 A_6 属于稠密区域,因为这两个属性的所有稀疏密度值都是 1。也就是说,包含属性 A_2 或 A_6 的区域一定是稠密区域,在这些区域中不会产生离群数据。从表 4 - 2 还能观察到对象 9 和 10 的所有稀疏密度值都是 1,这意味着包含对象 9 或 10 的区域也一定是稠密区域,这些区域中的对象都是正常值。在检测离群数据之前,将剪枝形成稠密区域的属性和对象,这可以显著提高离群数据检测的效率。

4.1.3 基于数据约减的稀疏子空间

1. 稀疏子空间

局部离群数据是在局部属性空间中明显不同于正常数据的一些对象。在本节采用稀疏子空间搜索策略来检测局部离群数据。

在介绍稀疏子空间之前,先描述如何测量子空间中对象的偏离度。假设 DS 是一个包含 N 个对象的高维数据集,每个对象彼此独立。现将每个属性维按照等深的思想划分成 θ 个离散区间,因此,每个区间包含 $f = 1/\theta$ 个对象(也就是说,所有的离散区间包含有相同数量的数据对象)。之所以采用等深间隔思想而不是等宽间隔来划分区间,主要因为数据在不同的地方可能有不同的密度。从数据集 DS 中任意选择 t 个属性构造 t 维立方体,根据伯努利概率可知 N 个对象以 $(1/\theta)^t$ 的概率随机分布在立方体中,每个离散区间包含的对象数是其数学期望值 $N \times (1/\theta)^t$。对象在子空间中的偏离程度采用稀疏系数 $S(D)$ 来测量,其形式化定义为

$$S(D) = \frac{n(D) - N f^t}{\sqrt{N f^t (1 - f^t)}} \qquad (4-2)$$

在式(4-2)中,$f = 1/\theta$,$n(D)$ 为包含在 t 维子空间 D 中的对象个数,这些对象拥有相同的 t 维特征值。而包含在子空间中的离群对象数量应该远远低于平均数,即 $n(D) \leqslant N \times f^t$。因此,离群数据所在子空间的稀疏系数 $S(D)$ 必定是一个负数。为了评价 $S(D)$ 值的大小,进而判断子空间的稀疏程度,特引入稀疏阈值 TS。

定义 4.2 稀疏子空间:假定数据集 DS 包含 N 个对象,$A = \{A_1, A_2, \cdots, A_d\}$ 是 DS 的属性集,$O = \{O_1, O_2, \cdots, O_N\}$ 是 DS 的对象集,TS 为用户设定的稀疏系数阈值。如果一个子空间 D 满足 $S(D) \leqslant TS$,那么 D 是一个稀疏子空间。

由式(4-2)和定义 4.2 可得到

$$\frac{n(D)-N f^{t}}{\sqrt{N f^{t}(1-f^{t})}} \leqslant TS \qquad (4-3)$$

在式(4-3)中,TS 是一个负数,$n(D)$ 是离群对象的数量。

每个 t 维子空间包含对象数量的期望值为 $N f^{t}$。因此,当 t 较大时,期望值将非常小,离群数据将难以找到。例如,如果我们将 t 和 θ 分别设为 6 和 10,当数据集包含少于 10^6 个对象的时候,那么会有 $N f^{t} < 1$,其中 $f = 1/\theta$。也就是说 t 维子空间将最多包含一个对象,这将无法检测离群数据。在稀疏子空间中的对象数目应该小于期望数的理论下,参数 t 应该被设置成一个较小的值。下面使用一个极端的情况来推导参数 t 的范围,这一极端情况是子空间为空的状态下(即,$n(D)=0$)计算稀疏系数。当 $n(D)=0$ 时,式(4-3)演变为下面不等式:

$$\frac{-N f^{t}}{\sqrt{N f^{t}(1-f^{t})}} \leqslant TS \qquad (4-4)$$

式(4-4)进行变换,可得到式(4-5):

$$0 < t \leqslant \log_{\theta}(N/TS^{2}+1) \qquad (4-5)$$

上述式(4-5)指明参数 t 的取值范围,具体地说,参数 t 的上限是 $\lfloor \log_{\theta}(N/TS^{2}+1) \rfloor$。在本章的所有实验中,使用上限值来设置参数 t。

2. 稀疏子空间的搜索

粒子群优化算法(Particle Swarm Optimization 或 PSO)由 Eberhart 和 kennedy 在 1995 年首次提出,是一种基于种群的优化方法,其灵感来自于鸟群和鱼类捕食的行为。当动物以群体形式进行捕食时,种群中的个体会对位置信息进行共享,使整个种群的移动从无序转变为有序,导致它能在解空间中快速收敛,从而获得最优解。PSO 从动物捕食过程中得到启发,然后将其用于优化问题。

每一个优化问题的解被看成是群体中的一只鸟,将其称为粒子。PSO 的工作机制是许多粒子构成种群,然后协调运动。每个粒子带有一个位置,标明自身所处的坐标,再为其配置一个速度,标明该粒子移动的方向和距离。除此之外,还需要一个适应函数,通过该函数判断粒子当前位置的优劣程度。粒子以给定的速度在搜索空间中移动,最终找到最优解。

在 PSO 算法中,首先需要初始化一组粒子,然后所有粒子通过迭代寻找最优解。在每一轮的迭代中,粒子根据自身的历史最佳位置(P_{best})和全局中最佳位置(G_{best})来更新自己,并调整下一步运动的速度。P_{best} 和 G_{best} 需要根据用户定义的适应函数来推导和更新。每个粒子的位置由下面的公式更新,即

$$position[i+1] = position[i] + v[i+1] \tag{4-6}$$

式中 $v[i+1]$ 是速度分量,表示移动的步长。速度 $v[i+1]$ 由下面公式来计算,即

$$v[i+1] = wv[i] + c_1 rand(\ )(P_{\text{best}} - position[i]) +$$
$$c_2 rand(\ )(G_{\text{best}} - position[i]) \tag{4-7}$$

在式(4-7)中,w 是运动惯性权值,c_1 和 c_2 是两个加速系数,$rand(\ )$ 是一个随机函数,它将产生一个 0 到 1 之间的随机数;P_{best} 是一个粒子的个体最优位置,G_{best} 是整个种群中全局最优位置。

PSO 算法具有强大的局部和全局搜索能力,我们采用 PSO 在数据集上搜索稀疏子空间,任一子空间 D 由数据集 DS 中的 t 维属性值构成。因此,子空间 D 中的所有对象具有相同的 t 维属性值,这些值被称为子空间的 t 维特征。给定一个对象的标识符及其 t 个属性值,子空间可通过扫描数据集 DS 来构建。在数据集 DS 中,对象被视为粒子,其位置由对象标识符和其 t 个属性值一起确定。例如,第 i 个粒子的位置可由 $Y_i = (j, (Y_{ij1}, Y_{ij2}, \cdots Y_{ijt}))$ 表示,其中 j 是对象标识符,$(Y_{ij1}, Y_{ij2}, \cdots Y_{ijt})$ 是对象 j 中 t 个属性值。在 LOMA 算法的实现中,粒子 i 的位置变化由对象 j 及其 t 个属性值的变化来确定。

同样地,粒子 i 的运动速度由相应数据对象 j 的速度及其 t 个属性

值的速度来确定。粒子速度由 $v_i = (v_{ij}, (v_{ij1}, v_{ij2}, \cdots v_{ijt}))$ 表示,其中 v_{ij} 是对象 j 的速度,$(v_{ij1}, v_{ij2}, \cdots v_{ijt})$ 是 t 个属性值的速度。式 2-3 被用做粒子的适应函数,其中子空间 D 由粒子构成。当 $S(D)$ 是一个较小值的时候,粒子具有优化的适应值。如果 $S(D)$ 小于或等于 TS(即 $S(D) \leqslant TS$),子空间 D 是一个包含离群值的稀疏子空间。

4.1.4　算法设计及实现

LOMA 算法由属性相关分析和稀疏子空间的搜索两个模块构成,其中属性相关分析由三个子算法组成,分别为稀疏因子矩阵的计算、稀疏密度矩阵的计算、约减数据集的产生。

算法 4.1 描述了稀疏因子矩阵的计算,可分成三个步骤。首先,每个属性值在一维空间上按递增顺序排序(参阅算法 4.1 中第 4 行);其次,在一维空间中为每个 1D-point 查找 k 近邻集(参阅算法 4.1 中第 5),6)行);最后,根据式(4-1)计算所有 1D-point 的稀疏因子,并将其组成稀疏因子矩阵(参阅算法 4.1 中第 7),8))。

Algorithm 4.1　Computing sparse factor matrix

Input:DS,　d;　// d is the number of dimension

Output:$SparseArray$;// $SparseArray$ is a sparse factor matrix

1)$N = |DS|$;　//N is the objects number of data sets.

2)$k = \sqrt{N}$;

3)for(i=1; i<d; i++)　　do

4)　DS$_i$←Sort(DS);　　// Sort based on the ascending order, and generate DS$_i$

5)　for(j=1; j<N; j++)　　do

6)　　p$_{ij}$←compute(DS[i][j]); $_i$

7)　　$\lambda_{ij} = \dfrac{\sum_{y \in p_i^i}(y - c_i^j)^2}{k+1}$;

8) $SparseArray \leftarrow \lambda_{ij}$;   // save λ_{ij} to the sparse factor matrix

9)   end for

10)end for

在算法 4.1 生成稀疏因子矩阵之后,算法 4.2 实现了稀疏密度矩阵的计算。稀疏密度矩阵由所有 1D-point 的稀疏密度值构成,因此每个 1D-point 的稀疏因子需要同稀疏因子阈值进行比较,以确定它的稀疏密度值(参阅算法 4.2 中第 3)~6))。根据定义 4.1,如果 1D-point 的稀疏因子小于给定阈值,则将其稀疏密度值设定为 1,这表明它位于稠密区域中。反之,它被标记为 0,这表明它在稀疏区域中。当所有 1D-point 的稀疏密度值计算完成之后,稀疏密度矩阵 $\mathbf{Z}$ 就构建完毕。

Algorithm 4. 2   Computing sparse density matrix.

Input:$SparseArray$,ε;   //ε is sparse factor threshold

Output:sparse density matrix Z;

1)for(i=1; i<N; i++)   do

2)   for(j=1; j<d; j++)   do

3)   if(SparseArray[i][j] > ε then

4)   Z[i][j]=1;

5)   else

6)   Z[i][j]=0;

7)   end if

8)   end for

9)end for

在稀疏密度矩阵 $\mathbf{Z}$ 的基础上,算法 4.3 实现了剪枝稠密的属性和对象,然后生成一个约减数据集。在稀疏密度矩阵 $\mathbf{Z}$ 中,首先扫描数据集,检测出处于稠密区域的所有对象,将其作为冗余对象存储在 $CLUSTER$,$CLUSTER$ 是冗余数据,需对其进行剪枝,剩余的对象作为正常数据保存在 RDS 中(参阅算法 4.3 中第 2)~8)行)。第二步是

扫描矩阵 Z 中所有列,统计出所有稀疏密度值全为 1 的属性,将其作为冗余属性并存储在 IA 中(参阅算法 4.3 中第 10)~14)行)。最后将冗余属性 IA 从 RDS 中删除,最终生成约减数据集。

Algorithm 4.3　Generate reduction data set.

Input:Sparse density matrix Z,DS;

Output：$CLUSTER$,Reduced data set RDS;

1)$CLUSTER \leftarrow \varphi$;

2)for(i=1; i<N; i++)　do

3)　　if($\sum\limits_{j=1}^{d} Z_{ij} = d$)then

4)　　　　$CLUSTER \leftarrow CLUSTER \cup o_i$

5)　　else

6)　　　　$RDS \leftarrow RDS \cup o_i$

7)　　end if

8)end for

9)$IA \leftarrow \varphi$

10)for(j=1; j<d; j++)do

11)　　if ($\sum\limits_{i=1}^{N} Z_{ij} = N$)then

12)　　　　$IA \leftarrow IA \cup o_i$

13)　　end if

14)end for

15)$RDS \leftarrow RDS\text{-}IA$

在算法 4.1 中,根据每个 1D-point 的值,计算其稀疏因子。算法的时间复杂度为 $O(Nd)$,其中 N 为数据集中对象的个数,d 是属性个数。很显然,算法 4.1 的时间复杂度主要由数据集 DS 的大小来确定。在算法 4.2 中,将每个 1D-point 的稀疏因子与稀疏因子阈值进行比较,得到稀疏密度矩阵。因此,其时间复杂度为 $O(Nd)$。算法 4.3 是数据集的约减,从这一算法中能够看出它的时间复杂度是 $O(N+d)$。总之,从算法 4.1,算法 4.2 和算法 4.3 的时间复杂度来看,属性相关性分析具有良好的可扩展性,即随着数据集的增加,整个算法时间不会出现指数级增长。

属性相关分析剪枝了原始数据集中冗余的属性和对象,生成了规模较小的约减数据集 RDS,进而在 RDS 上进行稀疏子空间的搜索,很显然,能有效提高其效率。算法 4.4 描述了基于粒子群优化算法的稀疏子空间搜索算法。该算法由以下三个步骤组成。

首先,根据 $\lfloor \log_\theta (N/TS^2+1) \rfloor$ 确定稀疏子空间的维数 t(参阅算法 4.4 中第 1)行),其中 N 表示原始数据集 DS 中的数据对象个数,TS 为用户设定的稀疏系数阈值。其次,利用函数 Initialize( )对 PSO 中的粒子进行初始化(参阅算法 4.4 中第 3 行),其中参数包括粒子的位置、速度、适应函数、个体最佳位置和全局最佳位置。最后,粒子群算法进行迭代操作,在迭代过程中查找满足离群检测条件的稀疏子空间,(参阅算法 4.4 中第 4)~19)行)。需特别指出的是,当子空间满足条件 $G_{best} \leqslant TS$(参阅算法 4.4 中第 5)行)的时候,粒子的位置和速度将被重新初始化。这样,有效地避免了种群陷入局部最优,从而提高了算法的全局搜索能力和种群的多样性。

Algorithm 4.4   Search sparse subspace.

Input:Reduced data set RDS,Sparse coefficient threshold TS;

Output:Outlier set *Outlier*;

1)t $\leftarrow \lfloor log_\theta (N/TS^2+1) \rfloor$;   // N=|DS| is the objects number

2) for (i = 1; i < *gen*; i + +) do   //gen is experiment generation number

3)   Initialize( );

4)   for(j=1; j<*num*; j++)   do   //num is the experiment number

5)　　　　if($G_{best} \leqslant TS$) then

6)　　　　　　break；

7)　　　　else

8)　　　　　　for all(p：P)do

9)　　　　　　　　The position and speed of the particlep are calculated；

10)　　　　　　　　Calculation( )；// Calculating fitness value

11)　　　　　　　　LocalBest( )；// Local search for optimal values

12)　　　　　　end for

13)　　　　　　GlobalBest( )；　// Calculate the global optimal value

14)　　　　end if

15)　　end for

16)　　if($G_{best} \leqslant TS$)　then

17)　　　　OutputOutliter；

18)　　end if

19)end for

上述实现细节表明,LOMA 算法通过剪枝无关的属性来减少属性的数量,因此,LOMA 有助于检测高维数据集中的离群数据。同时,LOMA 也存在准确性方面的局限性。例如,在离群结果准确性的比较中,LOMA 的准确性低于基于概念格的离群检测算法,其原因是概念格具有精度上的完备性,但由于概念格构造的高复杂性,使其算法的效率很低。而在 Gen 算法中,采用遗传算法在原始数据中搜索稀疏子空间,其结果是 Gen 的准确性精度和效率都低于 LOMA,这在下一节的实验分析中有详细阐述。

4.1.5　实验评价

实验评价有两个目的,其一是检测局部离群算法 LOMA 的效率和准确性,其二是检验参数稀疏因子阈值和稀疏系数阈值对 LOMA 算法的影响。

1. 实验设置

在 LOMA 算法的实现中,实验环境如下:Intel(R)Core(TM)i5—4570 CPU,2GB 内存,Windows 7 操作系统,Java 作为开发工具,并在合成数据集和 UCI 数据集上进行测试,评价 LOMA 算法的性能。

(1)合成数据集。采用以下三个步骤来生成合成数据集。首先,应用 Microsoft's Excel 中的随机数据生成器来生成大量随机数据。这些数据服从期望值和方差分别为 0 和 1 的正态分布。其次,在创建的数据集中添加少量的特殊数据对象,这些对象数据服从 0 到 1 之间的均匀分布,其数量被设定为整个数据集的 0.1%。新增的特殊对象被当作离群数据,用于验证 LOMA 算法的准确性。第三,循环执行第一、二步,用以扩大数据集的大小。通过上述三个步骤,创建了四个合成数据集,分别为 D_1,D_2,D_3 和 D_4,这些数据集具有相同的 1D—point 数量和大小。数据集 D_1,D_2,D_3 和 D_4 分别包含 50,100,200,500 个属性;同时分别包含 200 000,100 000,50 000,20 000 个对象,概述了 4 个数据集的详细特征见表 4 - 3。

表 4 - 3 人工数据集

Parameters	$D1$	$D2$	$D3$	$D4$
对象个数/($\times 10^3$)个	200	100	50	20
属性个数/个	50	100	200	500
离群个数/个	200	100	50	20
1D-points 个数/($\times 10^6$)个	10	10	10	10

(2)UCI 数据集。在相关算法的比较实验中,采用了 UCI 机器学习库中的三组 UCI 数据集。在选择数据集的时候,充分考虑了对象数量和属性数量的特征,并对其进行了数据清洗,用以补全分类和缺失属性。这三个数据集分别为 Internet Usage Data,Insurance Company Bench-mark(COIL 2000)和 Musk(Version 2),每个数据集中被添加一些离群数据,数

量分别为 101,90 和 66,这三个数据集的相关信息见表 4 - 4。

表 4 - 4　UCI 数据集

参数	Internet Usage Data	Insurance Company Benchmark	Musk
对象个数/个	10 104	9 000	6 598
属性个数/个	72	86	168
离群个数/个	101	90	66
1D-points 个数/个	727 488	774 000	1 108 464

在本章所有实验中,PSO 的参数设置如下:粒子数量设置为 50;c_1,c_2 和 w 分别设置为 0.5,0.5 和 0.8;最大迭代数设置为 2000;实验测试次数为 10。

2. 数据约减效率

这组实验的目的是评价数据约减策略的性能。表 4 - 5 列出了当稀疏因子 ε 从 0.06 增加到 0.5 时,4 个合成数据集中被剪枝的属性和对象数量。从中可以得到,无论 ε 取何值,数据集中的稠密属性和对象都有明显剪枝。例如,对于数据集 D_1、D_2、D_3 和 D_4,当稀疏因子阈值 ε 设置为 0.5 时,被约减的属性个数分别为 11,25,48 和 141;被约减的对象个数分别为 34 681,15 317,8 671 和 3 890。

表 4 - 5　剪枝属性和对象的数目

	ε	0.06	0.08	0.1	0.2	0.3	0.5
D1	属　性	2	2	4	6	7	11
	目　标	5 142	6 258	7 978	11 197	17 985	34 681
	比率/(%)	6.4	7.01	11.67	16.93	21.73	35.53
D2	属　性	4	5	9	13	16	25
	目　标	2 498	3 433	4 125	5 376	7 542	15 317
	比率/(%)	6.4	8.26	12.7	17.68	22.34	36.49
D3	属　性	8	11	18	27	35	48
	目　标	1 314	1 652	2 037	2 578	3 841	8 671
	比率/(%)	6.52	8.62	12.71	17.96	23.84	37.18
D4	属　性	23	30	47	66	89	141
	目　标	498	637	917	1 212	1 931	3 890
	比率/(%)	6.98	8.99	13.55	18.46	25.74	42.17

如果数据集包含有相同的 1D-point 个数(即,数据集具有相同的大小),那么维数越高的数据集,其约减比越大。例如,对于数据集 D_1,D_2,D_3 和 D_4,属性个数分别为 50,100,200,500,且这 4 个数据集具有相同的 1D-point 个数,当稀疏因子阈值 ε 设置为 0.2 时,4 个数据集的约减比分别为 16.93%,17.68%,17.96%,18.46%。显然地,拥有 500 个属性的数据集 D_4,其约减比最高,即被剪枝的冗余数据最多。其原因是稠密区域中的属性个数随着数据集维度的增加而明显增加,这些稠密属性维将被剪除,从而得到较高的约减比。

在相同的数据集上,表 4 - 5 还展示了随着稀疏因子阈值 ε 的递增,LOMA 的数据约减比也在递增。当 ε 是一个较大值的时候,必将产生较多的稠密区域(见定义 4.1),这为剪枝冗余属性和冗余对象提供了足够多的机会,从而实现了较高的数据约减比。这一结果表明,当用户设置一个较大的稀疏因子阈值时,数据约减模块能显著改善 LOMA 算法的效率。

3. LOMA 算法准确性分析

第二组实验主要评价稀疏因子阈值 ε 和稀疏系数阈值 TS 对 LOMA 算法检测离群数据的准确性影响。图 4.1 描述了两个参数的变化对 LOMA 的准确性的影响趋势,从图 4.1(a)中能看出三个有趣的现象:

第一个现象是,当稀疏因子阈值 ε 逐步增加时,LOMA 算法的准确性在逐渐降低。请注意,这种趋势不适用于无数据约减策略的情况(即 $\varepsilon=0$)。当参数 ε 被设定为一个大值时(例如,$\varepsilon=0.5$),这导致了大量的属性和对象被剪枝,其中可能会包含一些有用的信息。因此,数据约减策略的副作用是使得 LOMA 算法在检测一些离群数据时遭遇失败,这意味着 LOMA 的挖掘准确性将趋于下降。

第二个现象是,虽然 4 个数据集具有相同的 1D-point 个数(即,4 个数据集的大小相等),但是它们具有不同的准确性,例如,数据集 D_1

上,LOMA 算法的准确性最低,而在数据集 D_4 上,LOMA 的准确性最高。其原因是,在 1D-point 数量恒定的情况下,如果一个数据集具有比其它数据集更高的维数,那么该数据集中包含的对象数量必将少于其它数据集。因此,具有较少对象的数据集,为 PSO 提供一个较小的搜索范围,使其更容易找到最优解。从表 4-3 中能得到 4 个数据集的特征,D_1 包含 200 000 个对象,而 D_4 包含 20 000 个对象。在 D_4 数据集上 PSO 的搜索范围要小于 D_1 中的搜索范围,这有助于提高 D_4 数据集中 LOMA 的挖掘准确性。

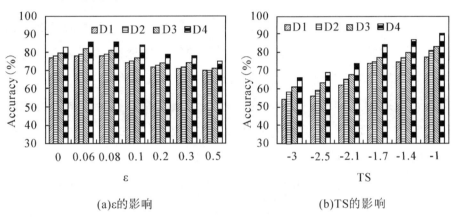

(a)ε的影响　　　　　　　　　　(b)TS的影响

图 4.1　参数 ε,TS 对 LOMA 准确性的影响

(a) ε 的影响;(b) TS 的影响

第三个现象是,带有数据约减的离群检测同无数据约减的情况相比较,当稀疏因子阈值设置为 0.06 和 0.08 的较小值时,数据约减策略有助于提高 LOMA 的离群检测准确性。也就是说,在 ε 为 0.06 和 0.08时,有数据约减的情况比无数据约减的离群检测具有更高的准确性。无数据约减的情况就是数据约减模块在 LOMA 中被禁用,即稀疏因子阈值被设置为 0 的情况。造成这一现象的原因是,如果 ε 配置为一个小的值,那么较少数量的属性和对象被删除,这些删除的属性和对象会对离群检测带来不利影响。因而,通过数据约减策略删除这些带来副作用的属性和对象,可以直接改善构造稀疏子空间的准确性。

图 4.1(b)所示为当稀疏系数 TS 值变大时，LOMA 算法的准确性明显提高。当稀疏系数 TS 被设定为大值时，稀疏子空间的数目将会明显增加（见式（4-3））。在这种情况下，稀疏子空间中能检测出越来越多的离群数据，这是 LOMA 准确性被改善的原因。从图 4.1(b)还能观察到，当稀疏系数 TS 大于-1.7 时，LOMA 算法的准确性以一个非常慢的速度增加。这些结果表明，给定数据集（即 $D_1 \sim D_4$），稀疏系数阈值 TS 的理想值应该介于-1 和-1.7 之间。

4. OMA 算法效率分析

第三组实验主要评估参数 ε 和 TS 对 LOMA 算法效率的影响。图 4.2(a)表明稀疏因子阈值 ε 显著影响 LOMA 的挖掘效率。随着 ε 值的增加，LOMA 算法在运行时间上明显减少，反之亦然。由定义 4.1 可以看出稀疏因子阈值 ε 大小决定了属性约减策略中冗余数据被剪枝的数量。当 ε 增加时，被剪枝的属性和对象个数会逐步增加。换言之，随着 ε 的增加，约减数据集将逐渐减小（见表 4-5 所示实验结果），使得粒子群优化算法的搜索空间也变小。因此，在较大的 ε 值下 LOMA 具有更高效的挖掘性能。图 4.2(a)还揭示了同其它数据集相比，LOMA 在 D_4 中的执行时间最短。这是因为数据约减策略在 D_4 上删除了更多的稠密属性，且具有最高的约减比（见表 4-5），因此执行时间最短。

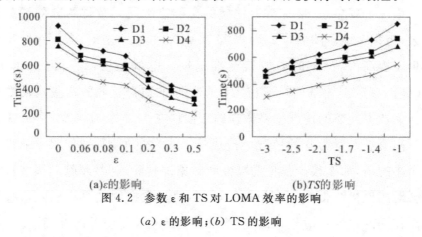

(a)ε的影响　　　　　　　(b)TS的影响

图 4.2　参数 ε 和 TS 对 LOMA 效率的影响

（a）ε 的影响；（b）TS 的影响

图 4.2(b)表明稀疏系数阈值 TS 对 LOMA 的挖掘效率有显著影响。随着阈值 TS 的增加,LOMA 的挖掘效率降低,反之亦然。LOMA算法的计算复杂度主要耗费在粒子群优化算法的搜索操作上。而 PSO的适应函数(见式(4-3))严重影响了构造稀疏子空间的数量。例如,当 TS 增加时,稀疏子空间的数目增加,其结果是,PSO 需要找出更多的稀疏子空间,这直接导致 PSO 的执行时间被放大,从而降低了整个算法的挖掘效率。

5. 相关算法性能比较

在本节,LOMA 算法与 Gen 算法从效率和准确性两个角度进行比较。选择具有不同特性的三个 UCI 数据集作为实验数据,图 4.3 所示为两种算法在不同数据集上的准确性和效率。

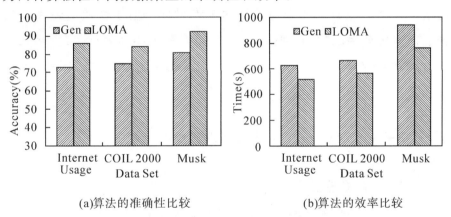

(a)算法的准确性比较　　　　　(b)算法的效率比较

图 4.3　LOMA 和 Gen 的准确性和效率比较

(a) 算法的准确性比较;(b) 算法的效率比较

图 4.3(a)揭示了 LOMA 的准确性要高于 Gen,其原因是 LOMA采用粒子群优化算法来搜索稀疏子空间,而 Gen 采用的是遗传算法。粒子群算法在信息共享机制上同遗传算法相比具有较大差异。在遗传算法中,染色体彼此共享信息,使得整个种群以非常均匀的速度向最优区域移动。对于粒子群优化算法,信息流是单向的(即从全局最优位置 G_{best}到其它粒子),这使得 PSO 的搜索和更新过程接近当前最优解。在许多

情况下,PSO 的所有粒子可以更有效地收敛到最优解,因此 LOMA 能够找到比 Gen 更准确的离群数据。

图 4.3(b)表明,在相同的数据集上 LOMA 比 Gen 拥有更高的效率,尤其在高维数据集上这一现象更加明显(例如,musk 数据集)。其原因是:LOMA 算法通过数据约减策略对原始数据的稠密区域进行剪枝,离群检测是在约减数据集上进行,这缩小了离群数据的搜索范围。特别地,当属性数量非常高时,剪枝的稠密属性将显著增加(见表 4-5)。因此,LOMA 的效率会显著提高。其次,LOMA 使用粒子群优化算法搜索稀疏子空间,而 Gen 算法采用的是遗传算法检测离群数据。在搜索目标时,粒子群算法比遗传算法更容易找到最优解。具体而言,粒子群优化算法在解空间中使用个体的随机速度来改变自身位置,同时借助个体历史最优和全局最优两个参量使得粒子快速向最优解收敛。而遗传算法,需要实现选择、交叉和变异等一系列算子,这些算子具有较高的时间复杂度。因此,采用粒子群算法的 LOMA 在效率上比采用遗传算法的 Gen 更有优势。

4.2 基于 MapReduce 的上下文离群数据并行挖掘

4.2.1 问题提出

上下文离群数据检测是在离群数据检测的同时找出相应的上下文信息,旨在为离群结果提供合理的解释。现有的上下文离群检测技术仅在单计算机上运行,由于计算和存储资源的有限性,导致该类算法无法实现海量、高维数据集的离群检测。我们充分利用 MapReduce 模型的强大计算能力,提出了一种并行离群检测算法——PICO。该算法首先使用并行数据约减策略,剪枝高维数据集中同离群无关的属性和对象,提高了算法的效率。此外,PICO 算法采用稀疏子空间并行检测离群的同时,从子空间中捕获上下文信息,为合理解释离群结果提供依据。最后在 Hadoop 平台上实现了 PICO,并通过实验验证了该算法的可行性和有效性。

对上下文离群数据的并行检测算法展开研究,主要基于下面三方面的动机:

(1)上下文离群检测要求在检测离群的同时提取上下文信息,为离群结果解释提供依据,但是有价值的上下文信息提取是一个非常困难的工作。

离群数据的可解释性是检测离群数据的主要目标之一。除了提高离群检测性能之外,对检测到的离群值进行合理解释是现代数据分析中另一个亟待解决的难题。上下文信息有助于实现离群结果的可解释性。

一个数据对象在某条上下文中可能具有离群数据特征,但在其它上下文中则成为正常数据。上下文离群数据很大程度上依赖于给定的上下文信息,因此,上下文信息的捕获在离群数据检测中是非常重要的。但是大多数现有的离群数据检测算法忽略了上下文信息,将丰富的上下文信息纳入离群数据检测及分析中是本章研究的目的之一。

(2)对于高维数据集,上下文离群数据的并行检测技术几乎无人研究。

高维数据集的上下文离群数据检测具有很高的时间复杂度,效率低下,难以实现。最近的研究一直专注于提高上下文离群数据检测的性能。不幸的是,这些现有的解决方案是在单计算机上执行的,有限的计算和存储资源不足以处理大型多维数据集。并行和分布式计算正日益成为处理庞大规模数据的重要平台,但是,海量数据的上下文离群并行检测受到较少关注。数据集规模的快速增长和传统数据挖掘方法之间的差距扩大,因此研究可伸缩集群上的上下文离群数据并行检测成为本章的另一个目的。

(3)海量、高维数据集由于包含大量稠密数据,直接影响离群检测算法的性能,因而并行化数据约减技术已成为大数据中离群检测的一个重要问题。

对于大多数海量、高维数据集,离群对象不可能兼顾所有属性维,即从全维空间的角度检测离群难以实现且价值很小。这些数据集往往包含大量稠密的属性和对象,密集性数据集中离群数据的检测是一个重要且富有挑战性的问题。这种稠密的数据不仅对离群数据检测的准确性和效率产生不利影响,而且对检测结果的可解释性也有负面影响。因此,在运行离群数据并行检测算法之前,并行或分布式地剪枝稠密属性和对象成为本章的第三个目的。

4.2.2 PICO 概述

1. 主要工作

为实现大数据中的离群检测以及增强离群结果的可解释性,我们提出了一种 MapReduce 框架下的上下文离群数据并行检测算法——PICO。PICO 由三个模块构成,即并行化数据约减策略、稀疏子空间并行搜索技术、稀疏子空间验证及离群结果解释模块。并行化数据约减策略通过在集群各个节点并行地剪枝无关的属性和对象来加快 PICO 的整体效率。稀疏子空间并行搜索模块无缝集成了粒子群优化算法,并行地在集群上查找稀疏子空间。最后一个模块通过验证局部稀疏子空间的正确性,使其保持较高的离群检测精度,然后通过稀疏子空间提取每个离群数据的上下文信息,并为离群结果提供合理解释。重要的是,PICO 实现了良好的可解释性,因为 PICO 中的上下文信息有助于对离群数据进行富有洞察力的解释。

在 24 个节点的 Hadoop 集群上,开发并实现了 PICO 算法,采用合成和真实世界的高维数据集对 PICO 性能进行了评估。实验结果表明,并行化数据约减模块能够有效剪枝集群中各数据节点上的冗余属性和对象,显著提高 PICO 的效率。最有趣的一个实验结果是,当稀疏因子阈值被设定为较小值的时候，PICO 不仅在效率上有明显改善，而且检测准确性也得到了提高。贯穿本章的主要符号及其解释见表 4－6。

表 4－6　主要符号及含义

符　号	含　义	符　号	含　义
DS	数据集	D	t 维子空间
A	DS 的属性集	A'	D 的属性集
O	DS 的对象集	O'	D 中对象集
A_i	A 中第 i 个属性	A'_i	A' 中第 i 个属性
O_j	O 中第 j 个对象	O'_j	O' 中第 j 个对象
N	DS 中对象数	$n(D)$	D 中对象数
$S(D)$	稀疏系数	TS	稀疏系数阈值
λ_{ij}	稀疏因子	ε	稀疏因子阈值
SDS	约减数据集	P	粒子

2. PICO 设计概述

PICO 算法是在 MapReduce 编程框架下设计并开发，包括以下三个 MapReduce 作业，其工作流程如图 4.4 所示。

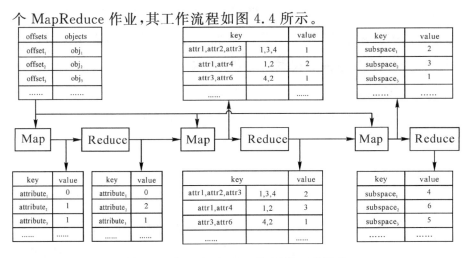

图 4.4　基于 MapReduce 的 PICO 工作流程

第一个 MapReduce 作业是执行并行化数据约减策略，Map 的输入是原始数据集，Reduce 的输出是约减后的数据集，通过第一个作业，剪枝了冗余属性和对象，显著地减少了数据集的大小。

第二个 MapReduce 作业是采用粒子群优化算法在约减数据集上搜索稀疏子空间，其中约减数据集由第一个 MapReduce 作业提供。第二个作业的重点是粒子群算法的实现。

第三个 MapReduce 作业是验证第二个作业中产生的局部稀疏子空间是否是全局稀疏子空间，即在单个数据节点上产生的稀疏子空间需要在其它数据节点上进行验证。

4.2.3　并行化数据约减策略

在 4.1.2 节，讨论了属性相关分析能有效剪枝与离群检测无关的属性和对象，从而减小数据集的大小，提高离群数据检测算法的效率。本节介绍数据约减策略的并行化设计及实现。

1. 并行化数据约减的设计

海量、高维数据集中的数据约减是一个非常耗时的操作。为加快大数据中的数据约减处理，同时能够无缝集成在并行离群检测中，特提出并行数据约减策略，即采用集群系统并行地对原始数据集进行属性相关性分析，以发现并剪枝稠密的属性和对象。

利用 MapReduce 框架的强大计算能力，在每个数据节点上并行地执行数据约减。大数据集中的所有数据对象被均匀放置在集群的数据节点上。因此，Hadoop 集群的每个数据节点管理并计算的数据量等于总数据大小除以数据节点的个数。

在基于 Hadoop 的并行数据约减中，mapper 负责计算局部稀疏矩阵，而 reducer 负责从局部稀疏矩阵收集并创建全局稀疏矩阵。每个数据节点中的 mapper 采用式(4-1)计算稀疏因子，并将每个稀疏因子与给定阈值进行比较，从而形成局部稀疏矩阵。reducer 收集所有数据节点产生的局部稀疏矩阵,通过比较、合并生成全局稀疏矩阵。从全局稀疏矩阵能轻松获得全局的稠密属性和稠密对象,对其做好标记并从原始数据集中剪枝,从而实现并行的数据约减。在具体的实现中,数据集被水平分割并放置到各个数据节点,即所有数据对象被均匀地分布在各数据节点上。因此,驻留在数据节点中的局部稠密对象可以根据mapper 中局部稀疏矩阵而直接收集;reducer 不需要进一步处理由mapper 提供的中间结果。

2. 并行化数据约减的实现

PICO 算法由三个 MapReduce 作业组成,其中第一个作业是针对数据集 DS 的数据约减,在运行该作业之前,DS 将被划分成多个数据文件并放置在 Hadoop 的分布式文件系统(HDFS)中。值得注意的是,HDFS 在 Hadoop 集群的所有数据节点中存储 DS 的输入文件,即所有数据节点被均匀分配数据文件。

在算法 4.5 中,详细描述了第一个 MapReduce 作业的伪代码,将实现数据约减的并行策略,主要操作是3~28 行中的稀疏因子计算,稀疏因子的详细描述参阅 4.1.2 节。具体过程可分为以下 5 个步骤:

1)数据节点上的每个 mapper 顺序地从本地输入文件 split 中读取数据对象,其中每个对象被存储成<key,value>格式,即以<LongWritable offset,Text object>格式存储并由后续程序读取(参见算法 4.5 中第1 行)。

2)mapper 计算数据对象中每个 1D－point 的稀疏因子,最终产生稀疏因子矩阵(参阅算法 4.5 中第 4~6 行)。

3)在稀疏因子矩阵中,每个 1D－point 的稀疏因子与用户设定的阈值进行比较,生成 1D-point 的稀疏密度值,最终产生稀疏密度矩阵(参阅算法 4.5 中第 7~11 行)。在稀疏密度矩阵中,如果一列上所有值都为 1,则将该列标记为布尔值 1,用来表明该列是一个稠密的列,即稠密属性；否则，该列被标记为 0，表明该列属于稀疏属性。同样地，如果稀疏密度矩阵中的一行上所有值都为 1，则用 1 标记该行，说明该行是一个稠密对象；否则，该行被标记为 0，表明它是一个稀疏对象（参见算法 4.5 中第 13～28 行）。这些属性（即列）和对象（即行）的标记形成了一个局部压缩密度矩阵，用以标识可被剪枝的属性和对象，从而大大减少了 mapper 和 reducer 之间的通信开销。

4) 一个 reducer 对多个 mapper 中的局部压缩密度矩阵进行收集、排序、合并，然后生成一个全局压缩密度矩阵（参见算法 4.5 中第 32～34 行）。

5) 应用全局压缩密度矩阵，能够找到待剪枝的属性和对象，并为其做好标记。第一个作业的输出是格式为＜Rdata，sum＞的 key/value 列表（参阅算法 4.5 第 35，36 行）。当 sum 值为 1 的时候，说明 Rdata 中包含的属性或对象可以被剪枝；否则，Rdata 中的属性或对象不能被剪枝。

需要说明的一点是，第一个作业输出了格式为＜Rdata，sum＞的 key/value 列表，这将成为第二个 MapReduce 作业的输入，并被使用在算法 4.6 的第 1 行。

Algorithm 4.5　Data Reduction

Input：DS；

Output：　Rdata；

1) function MAP(key offset，value DS)

2) 　　$k = \sqrt{N}$；　　//N is the number of object in dataset DS

3) 　　for all(o_{ij}：O)do　　//O is an object in DS and oij is a 1D point

4) 　　　　$kNN_j \leftarrow knn(o_{ij}, A_j)$；　　//compute kNN values

5) 　　　　$kNN_j \leftarrow kNN_j \bigcup o_{ij}$；

6) 　　　　$\lambda_{ij} \leftarrow compute(o_{ij})$；　　//compute sparse factor according

to Formula 2. 1

7)　　　　if($\lambda_{ij} \geqslant \varepsilon$)then

8)　　　　　　$Z_{ij}=0$；

9)　　　else

10)　　　　　　$Z_{ij}=1$；

11)　　　　end if

12)　　end for

13)　　for all(Z_{ij}：Z)do

14)　　　　if($\sum\limits_{i=1}^{N} Z_{ij}=N$)then

15)　　　　　　Attribute$_j$. value$=1$；

16)　　　　else

17)　　　　　　Attribute$_j$. value$=0$；

18)　　　　end if

19)　　　　Rdata ←Attribute$_j$；

20)　　　　output(Rdata,Attribute$_j$. value)

21)　　　　if($\sum\limits_{j=1}^{d} Z_{ij}=d$)then　//d is the number of attributes in DS

22)　　　　　　Object$_i$. value$=1$；

23)　　　　else

24)　　　　　　Object$_i$. value$=0$；

25)　　　　end if

26)　　　　Rdata ←Object$_i$；

27)　　　　emit(Rdata,Object$_i$. value)；

28)　　　end for

29)　　end function

30)function REDUCE(key Rdata,values Rdata. value)

31)　　sum$=0$；

32)   for all(value：values)do

33)   sum＋＝value；

34)   end for

35)   emit(Rdata,sum)；

36)   A_list←all the(Rdata,sum)//A_list is a CacheFile.

37)end function

4.2.4　稀疏子空间并行化搜索

通过数据约减策略剪枝不相关的属性和对象之后,上下文离群数据检测是在约减数据集上采用稀疏子空间搜索来实现。稀疏子空间及其搜索已在4.1.3节给出了详细描述,本节主要介绍在 MapReduce 计算框架下,如何设计、开发稀疏子空间的并行化程序。

1. 稀疏子空间概述

当使用常规方法获得离群数据之后,可以通过计算不同组中的离群度从离群数据中提取上下文信息。在本章将使用稀疏子空间搜索方法直接检测上下文离群数据。

给定数据集 DS,包含 N 个对象、d 个属性,$A＝\{A_1,A_2,\cdots,A_d\}$ 是 DS 的属性集,$O＝\{O_1,O_2,\cdots,O_N\}$ 是 DS 的对象集。一个 t 维子空间 D 由数据集的 t 个属性构成,形式化描述为 $D＝(O',A')$,其中 $O'\subset O$,$A'\subset A$,$|A'|＝t$,$|O'|$ 是包含在子空间 D 中的对象个数。当子空间 D 满足公式(2-3)的时候,D 被称为稀疏子空间。稀疏子空间采用粒子群优化算法进行搜索,在4.1.3节有其详细描述。

2. 上下文离群

随着离群检测算法的不断发展,离群结果的可解释性成为一个非常重要的问题,因为离群数据在特定的背景知识下会更有价值。附加辅助信息(即背景知识)来描述离群数据是一个切实可行的方法,这些辅助信息被称为上下文。附带上下文信息的离群数据被称为上下文离群。例如,上下文离群对部分属性具有很强的相似性,但在其它属性上存在显著差异。为了准确地表述上下文离群,特给出如下的形式化定义。

定义 4.3 上下文离群:给定 t 维子空间 D 和稀疏系数阈值 TS, $A' = \{A'_1, A'_2, \cdots, A'_t\}$ 和 $O' = \{O'_1, O'_2, \cdots, O'_r\}$ 分别是子空间 D 的属性集和对象集。当 $S(D) \leqslant TS$(即 D 是一个稀疏子空间)时,O' 中所包含的对象被称为上下文离群数据,其中 $S(D)$ 是稀疏子空间 D 的稀疏系数。

上下文信息包括 A',$S(D)$ 和 r,其中 A' 是上下文离群属性,即上下文离群数据在属性 A' 中具有明显的异常行为。$S(D)$ 被认为是离群度,它测量离群数据与正常数据之间的偏离程度。r 作为稀疏子空间 D 中包含的对象个数,用来表示上下文离群的数量。除此之外,在属性集 A' 上,一些对象拥有与离群数据不同的属性值,这些对象组成的对象集被当作上下文离群的参考组。上下文信息被总结如下:

(1)用于同离群比较的参考组;

(2)与参考组相比体现异常行为的属性,即离群属性;

(3)共享相同上下文信息的离群数据数量;

(4)离群个数同参考组中对象数之间的比例,即离群度。

下面通过一个实例说明上下文信息和上下文离群数据。给定一组 X 大学计算机科学专业本科学生选课数据,其中有 3 名学生没有选修数据结构课程,而 128 名学生选修该课程。3 名学生在选修数据结构课程这个属性上相对于 128 名学生是离群数据。这 3 名学生在数据结构课程的属性上有很强的相似性,但是,在其它属性方面(例如操作系统课程)可能存在明显不同。在这个例子中,上下文信息包括 128 个学生组成的参考组;数据结构课程属于离群属性;共享相同上下文信息的离群数据数量为 3;离群度为 $3 \div 128 = 0.023$。

3. 基于 MapReduce 的稀疏子空间搜索

在 PICO 的设计中,第二个 MapReduce 作业的主要任务是构建并搜索稀疏子空间,因此将第二个作业称为局部稀疏子空间构造模块,简称为构造模块。值得注意的是,该模块中 mapper 的输入来源于数据约减模块中 reducer 的输出。

算法 4.6 描述了稀疏子空间构造模块的伪代码。该构造模块采取以下三个步骤来构造并搜索子空间。

Algorithm 4.6 ConstructSubSpace

Input:DS;A_list;// A_list is generated by the first MapReduce job

Output:$subspace$;

1)for all(A_list. hashnext)   do

2) $reducedata[\quad]$←$A\_list.$ key;

3)end for

4)function MAP(key $offset$,value DS)

5)   SDS←DS-reducedata[ ];   //The reduction data set SDS be generated.

6) $subspace$←PSO(SDS);

7)   emit($subspace$,$objectnumber$);

8)end function

9)function REDUCE(keysubspace,values objectnumber)

10)   for all(value:values)   do

11)   sum+=value;

12)   end for

13)   emit($subspace$,sum);

14) B_list←$all\ the\ (subspace,sum)$ //B_list is aCacheFile storing local subspace.

15)end function

Step 1. 该步骤属于承上启下的一步,即这一步协同算法 4.5 完成了 4.2.3 节介绍的数据约减。首先从 A_list 列表中(参阅算法 4.5 中的第 36 行)读取稠密的属性和对象(参阅算法 4.6 中的第 1~3 行),然后结合原始数据集 DS 导出新的约减数据集 SDS(参阅算法 4.6 中的第 5 行)。A_list 列表按照 $key/value$ 对的格式进行存储,例如$\{Rdata_i,$ $sum_i\}$代表着第 i 个稠密数据,其中 $Rdata_i$可能代表着一个属性,也可能代表着一个对象。当 sum_i等于 1 时,$Rdata_i$将从数据集 DS 中剪除;否则,$Rdata_i$保留在 DS 中。当 A_list 列表扫描结束后,原始数据集 DS 转变为约减数据集 SDS。

Step 2. 采用粒子群优化算法在每个数据节点上搜索局部稀疏子空间,这一步在算法 4.6 的第 6 行中调用 PSO(SDS)函数执行。PSO 函数实现在算法 4.7 中,具体可分为 6 个阶段。首先,根据第二章中给出的式(4-5)计算稀疏子空间的维数(参阅算法 4.7 中第 1 行)。第二,初始化 PSO 优化算法中的各个参数(参见算法 4.7 中第 2 行)。第三,采用第二章式(4-6)和式(4-7),分别计算每个粒子的位置和速度(参阅算法 4.7 中第 5 行)。第四,扫描数据集 SDS,将每个粒子映射为子空间,统计子空间中对象个数(参阅算法 4.7 中第 6 行),并计算子空间的稀疏系数(参阅算法 4.7 中第 7 行)。第五,更新个体最优 P_{best} 和全局最优 G_{best}(参阅算法 4.7 第 8~13 行)。最后,将满足离群条件的子空间进行输出(参阅算法 4.7 中第 15~17 行),此类子空间就是局部稀疏子空间。

Algorithm 4.7　PSO(SDS)

Input：SDS；　// SDS is a reduced data set.

Output：　p；　// p is a praticle(i.e.,sparse subspace).

1)$t=\lfloor \log_\theta(N/TS^2+1) \rfloor$；　//compute t according to Formula 4-5

2)initialize(P)；　//Each parameter of the particle P is initialized

3)for(i=0; i<n; i++)　do　// n is the number of iterations.

4)　for all(p:P)do

5)　　compute(p); //compute p′ position and velocity

6)　　n(p)←count(p); //count the number of objects in sub-space p.

7)　　$S(p)=\dfrac{n(p)-N\times f^t}{\sqrt{N\times f^t\times(1-f^t)}}$

8)　　if(S(p) < P_{best})　then

9)　　　$P_{best}=S(p)$;

10)　　end if

11)　　if($P_{best}\leqslant G_{best}$)　then

12)　　　$G_{best}=P_{best}$;

13)　　end if

14)　end for

15)　if($G_{best}<TS$)then

16)　　output(p);

17)　end if

18)end for

Step 3. reducer 会收集所有 mapper 产生的局部稀疏子空间,将其合并,然后生成全局稀疏子空间(参阅算法 4.6 中第 9~15 行)。这一步产生的全局稀疏子空间将作为第三个 MapReduce 作业的输入。构造模块中的 mapper 输出是一个 key/value 对,即<*subspace*,*object-number*>,其中 *subspace* 由子空间的属性及属性值构成,*objectnumber* 是包含在该子空间中的所有对象的编号。

4.2.5　稀疏子空间的验证

从全局数据集的角度来看,由上述构造模块生成的局部稀疏子空间可能不是稀疏的，即，它可能不是全局稀疏子空间。这一问题将由 PICO 的第三个 MapReduce 作业来解决。第三个作业的伪代码被描述在算法 4.8 中，是验证模块的具体实现，用于验证由构造模块提供的所有局部稀疏子空间的正确性。这一作业主要包含 4 个步骤，前两个步骤由 mapper 处理，而其他步骤由 reducer 处理。mapper 输出的是格式为＜$subspace, objectnumber$＞的 key/value 对组成的列表，其中 $subspace$ 是由构造模块输出的属性及属性值组成。验证模块中 mapper 输出的 key/value 对被清洗、合并后传递给 reducer。

Step 1. 通过加载 $B\_list.key$ 创建子空间的列表（参阅算法 4.8 中第 1～3 行）。B_list 是由构造模块输出的列表（参阅算法 4.6 中的第 14 行）。

Step 2. 对于每个数据节点，采用循环语句统计包含在局部稀疏子空间中数据对象的个数（参阅算法 4.8 的第 6～11 行）。

Step 3. 使用式（4-2）计算稀疏系数（参阅算法 4.8 的第 16 行）。

Step 4. 利用式（4-3）构建全局稀疏子空间，即通过比较子空间的稀疏系数与其阈值来生成全局稀疏子空间（参阅算法 4.8 中第 17～20 行）。每一个 reducer 都将输出格式为＜$sparse\_subspace, sum$＞的 key/value 对，其中 $sparse\_subspace$ 是全局稀疏子空间，而 sum 是稀疏子空间中包含对象的数量。$sparse\_subspace$ 中包含的对象为上下文离群数据。

Algorithm 4.8 Outlier

Input：SDS,B_list； // B_list is generated by the second MapReduce

Output：sparse_subspace； //contextual outliers are the objects in sparse_subspace.

1）for all($B\_list.$ hasnext) do

2） $localsubspace \leftarrow B\_list.$ key;

3）end for

4)function MAP(key offset,value SDS)

5)　　$O \leftarrow$ splitter. split(SDS. toString( ));　　//O is an object in SDS.

6)　　for all(o : O)do

7)　　　if(o include localsubspace)then

8)　　　　$count++$;

9)　　　　emit($subspace$; $count$);

10)　　　end if

11)　　end for

12)end function

13)function REDUCE(key $subspace$,values $objectnumber$)

14)　　for all(value : values)do

15)　　　sum$+=$value;

16)　　　$$S(subspace) = \frac{sum - N f^{t}}{\sqrt{N f^{t}(1 - f^{t})}}$$

17)　　　if(S(subspace)$\leqslant$TS)then

18)　　　　$sparse\_subspace \leftarrow subspace$;

19)　　　　emit($sparse\_subspace$,sum);

20)　　　end if

21)　　end for

22)end function

4.2.6　实验评价

在 24 个节点的 Hadoop 集群上,实现和评价 PICO 算法的性能。集群中的每个计算节点硬件环境为:英特尔 E5－1620 V2 系列 3.7G 四核处理器、16GB 内存;软件环境为:Centos 6.4 操作系统,Hadoop 1.1.2 集群环境,Java JDK 1.6.0_24 开发工具。主节点(NameNode)中的硬盘为 500 GB,每个数据节点(DataNode)的硬盘容量为 2TB。所有节点通过千兆以太网连接,并使用 SSH 协议进行通信。其它参数(例如,数据副本,mapper 和 reducer 的个数)采用 Hadoop 集群的默认配置。在本节所有实验中,粒子群优化算法的参数设置如下:粒子个数(即 PSO 的种群大小)设置为 50;c_1、c_2 和 w 分别设置为 0.5、0.5 和 0.8;最大迭代数设置为 2000;实验次数为 10。

采用人工合成和真实的天体光谱数据作为实验数据集,在 Hadoop 集群环境下来评估 PICO 算法的性能。

(1)人工合成数据集。采用 Microsoft Excel 的随机数据生成器创建了两个合成数据集。每个数据集由 200,000 个对象和 200 个属性组成。表 4-7 概述了这两个数据集的特征,其中第一个数据集 UniformData 包含 100 条离群数据和 199 900 个服从均匀分布的正常数据,第二个数据集 NormalData 包含 100 条离群数据和 199 900 个服从正态分布的正常数据。

表 4-7　人工数据集

Parameters	*UniformData*	*NormalData*
对象个数/($\times 10^3$)	200	200
属性个数/个	200	200
数据集大小/MB	232	231
数据分布特征	Uniform	Normal

(2)真实数据集。实验中所涉及的真实数据集为天体光谱数据,每个天体光谱由信噪比 SNR、红移以及 44 条特征线组成。其中,每条特征线由两个特征值表示,即峰宽和峰高。也就是说,天体光谱数据集总共有 90 个属性。数据集大小分别为 2GB,4GB,8GB,12GB,16GB,24GB 和 32GB。

1. 数据约减效率

前面 4.1.5 小节已经对串行算法中的数据约减策略进行了实验并做

了详细分析,本小节使用 UniformData 和 NormalData 数据集在 Hadoop 环境下对并行算法 PICO 中的数据约减进行评价。本组实验的计算节点设定为4,实验结果见表4-8。

表4-8 属性和对象约减数量

ε	UniformData number			NormalData number		
	属 性	目 标	比率/%	属 性	目 标	比率/%
0.06	7	5 312	6.84	5	4 798	4.904
0.08	12	6 475	11.644	8	5 947	7.792
0.1	15	7 930	14.445	11	7 380	10.631
0.2	21	10 239	19.976	19	9 911	18.108
0.3	26	18 452	23.693	24	15 637	22.202
0.5	35	33 215	29.353	33	29 815	28.23

表4-8显示了从 UniformData 和 NormalData 数据集中删除的属性和对象的个数,这些数量随着参数稀疏因子阈值 ε 的增加而稳定增长。表4-8还列出了不同参数下的约减比,其中约减比是被修剪的 1D-point 个数的百分比。具 S 体而言,它是由数据约减策略删除的 1D-point 的个数同原始数据集中的 1D-point 的数量之间的比率。表4-8显示,无论稀疏因子阈值如何变化,UniformData 和 NormalData 数据集中的属性和对象都会有明显的剪枝。

从这几个现象可以看出,本组实验结果同4.1.5节中串行算法的结果非常吻合,因此,数据约减策略不仅可以用于串行的离群检测算法 LOMA,也可以用于并行算法 PICO。

2. 样本大小的影响

每个计算节点在运行数据约减模块时,需要计算 1D-point 的 k 近邻值(kNN),为保证 kNN 的准确性,近邻理应从全局数据集中查找,但在并行算法中,这个操作很难实现。这一问题通过采样技术来解决,即从全局数据集中抽取样本,近邻的查找将在样本数据集上执行。这组实验用于评估样本大小对 PICO 准确性和效率的影响。

图 4.5(a)揭示了当样本大小从 0.5％变化到 2％时,PICO 的离群检测准确性显著提高。其原因是大样本数据集能促使 PICO 更准确地捕获原始数据集的数据分布特征。具体地说,给定 1D-point,在大样本数据上计算它的 kNN 值比在小样本数据上计算更精确。

有趣的一个现象是,当样本大小在 2％和 10％之间变化时,PICO 的离群检测准确性提高不明显。当样本容量较大时(例如 5％),样本数据集能较准确地捕获原始数据集的分布特征,导致更大尺寸的样本在极小范围内影响 kNN 值的计算。因此,进一步增加样本的大小不能显著提高 PICO 的准确性。

图 4.5(b)表明 PICO 的执行时间随着样本量的增加而略有上升,原因有两点。首先,当样本大小增加时,计算 kNN 值的开销略有上升;第二,计算 kNN 值的时间同 PICO 的整个运行时间相比,微不足道。

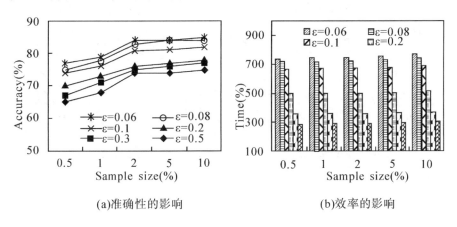

(a)准确性的影响　　　　　　　(b)效率的影响

图 4.5　样本大小对算法的影响(在四个计算节点上)

(a) 准确性的影响;(b) 效率的影响

3. 伸缩性

为了验证 PICO 在数据集上的伸缩性,在多个不同大小的数据集上运行 PICO 并比较了它们的运行时间。本组实验使用真实的天体光谱数据集，大小从 2GB 到 24GB，在 6 个不同大小的集群上进行了测试（即，集群节点个数从 4 增长到 24），实验结果显示在图 4.6 中。

图 4.6(a)所示为数据大小对 PICO 中数据约减模块效率的影响。当处理的数据量增加时，数据约减的运行时间随之增加，其原因是计算 k 近邻和稀疏因子的成本在大数据集下变得很高，这直接增加了数据约减模块的执行时间。

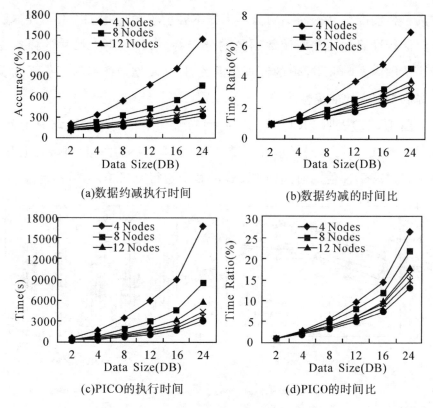

(a)数据约减执行时间 (b)数据约减的时间比

(c)PICO的执行时间 (d)PICO的时间比

图 4.6　PICO 算法在数据大小上的伸缩性

(a) PICO 的执行时间；(b) PICO 的时间比

图 4.6(c)清楚地显示了当输入数据急剧增加时，PICO 的总执行时间随之上升。当属性个数不变的时候，一个大尺寸的数据集意味着数据集拥有大量的数据对象，这导致了分配给每个数据节点的对象数

量将显著增加。其结果是,随着对象数量的增加,各个数据节点搜索子空间的时间明显增加。在相同的参数配置下,搜索子空间的时间直接决定 PICO 的总运行时间。

为了更直观地显示 PICO 在数据集上的扩展性,特使用数据集的时间比来规范图 4.6(a)(c)中曲线变化趋势。这一规范过程能够实现数据约减的时间开销与 PICO 的总执行时间之间的比较。选择 2GB 数据集的数据约减时间和 PICO 运行时间分别作为两个基线,也就是说 2GB 数据的时间比为 1。其余数据集的时间比为该数据集的处理时间与基线之间的比率。图 4.6(b)和 4.6(d)分别显示出了数据约减的时间比与 PICO 的总执行时间比。从这两个图中可以观察到,与数据约减的开销相比,PICO 的总运行时间对数据大小更为敏感。例如,当数据大小在 16 节点集群上从 2GB 增加到 24GB 时,PICO 的运行时间被放大 16.54 倍,而数据约减模块仅增加了 3.46 倍。这些实验结果说明数据约减模块对大数据集具有更强的适应能力,融合到离群检测算法 PICO 中是合理、有效的。

4. 可扩展性

第四组实验评价 PICO 在 Hadoop 集群节点数量上的可扩展性,其中数据节点数量从 4 个增加到 24 个。本组实验采用天体光谱数据集进行测试,用以实施 PICO 的可扩展性分析,实验结果显示在图3.4 中。

从图 4.7(a)和图 4.7(c)中可观察到,当计算节点的数量增加时,PICO算法的离群检测时间显著减少。这一趋势表明,PICO 是一个较好的离群数据并行检测算法,它表现出较高的可扩展性,有以下两方面的因素。首先,PICO 的运行时间主要是通过搜索局部稀疏子空间来决定的,而计算节点上 PSO 搜索操作所消耗的时间与分配给该节点的数据对象个数成正比。第二,所有计算节点独立地检测来自本地数据对象的离群数据,分配给每个节点的对象数量与节点的个数成反比。当集群增大的时候,毫无疑问会减少每个节点上相应分配的对象数量,从而加快了 PSO 的本地搜索,这一过程又缩短了 PICO 的总运行时间。因此,与 PICO 的运行时间一样,数据约减模块的时间开销与节点数量成反比。

图 4.7(b)和图 4.7(d)显示了数据约减模块以及 PICO 总运行时间的加速比。对于大数据集(例如,24GB)而言,相比于繁重的工作负载,I/O 具有较低的开销,因此 PICO 几乎实现了线性加速。相反地,在小数据集上(例如 2GB),PICO 的线性加速遭到了破坏,其原因是同较轻的计算负载相比,I/O 具有相对大的开销。其中,PICO 的 I/O 开销包括中间结果的写入和三个 MapReduce 作业之间的数据传输。这种小数据集实例中的 I/O 开销严重影响了 PICO 的总体性能;而在大数据集实例中,I/O 开销仅占 PICO 总运行时间的一小部分。

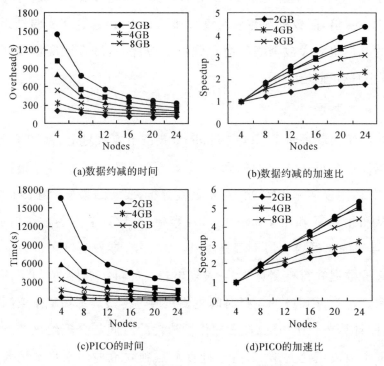

(a)数据约减的时间

(b)数据约减的加速比

(c)PICO的时间

(d)PICO的加速比

图 4.7　PICO 算法在集群大小上的扩展性

此外,通过实验从效率上将 PICO 与现有的 DD-Early 方法进行了比较,其中 DD-Early 是局部离群因子算法或 LOF 的分布式计算解决方案。本组实验采用 32GB 的天体光谱数据集,在多组不同大小的集群上进行实验,用以评估 PICO 和 DD-Early 算法的性能,图 4.8 描绘了 PICO 和 DD-Early 算法的实验结果。

图 4.8(a)表明,当扩大数据节点的数量时,PICO 和 DD-Early 的运行时间都在急剧下降,这表明 PICO 和 DD-Early 算法都具有很好的可扩展性。但是,PICO 比 DD-Early 具有更高的效率,其原因有两点。首先,DD-Early 算法是在整个维度上通过计算每个数据点同其邻居的局部偏差来检测离群数据,这样的操作非常耗时。与此相反,PICO 是在部分维度上通过搜索稀疏子空间来检测离群数据。其次,PICO 包含一个数据约减模块,通过剪枝无关的属性和对象来减小数据集大小,从而提高离群数据检测效率。为了能更深入地观察,图 4.8(b)描绘了 PICO 算法中的三个模块的开销。与稀疏子空间构造模块相比,数据约减模块具有微不足道的运行时间,能显著提高 PICO 的效率。此外,稀疏子空间验证模块,验证了局部稀疏子空间的正确性,在 PICO 的三个模块中花费时间最少。也就是说验证模块以较低的时间代价改善了离群数据检测的准确性。

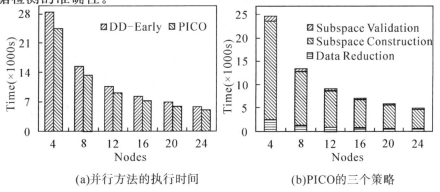

(a)并行方法的执行时间　　　　(b)PICO的三个策略

图 4.8　并行算法的效率比较

5. 离群数据的解释

为了评估 PICO 中上下文离群数据的可解释性,使用 UCI 机器学习库中的 Breast Cancer Wisconsin(Diagnostic)数据集进行了实验。该数据集从乳腺肿块的 FNA 的数字化图像中抽取出十个特征,分别为半径、纹理、周长、面积、平滑度、紧凑性、凹性、凹点、对称性、分形维数,又从图像中计算出每个特征的平均值、标准误差和最差值,从而组合形成 30 个特征,即形成数据集的 30 个特征属性。最终该数据集包含 569 个对象和 32 个属性(即 ID、诊断、30 个特征属性)。在本组实验中,稀疏因子阈值和稀疏系数阈值分别设置为 0.1 和−1.7。表 4−9 总结了由 PICO 发现的上下文离群数据。

表 4−9　上下文离群

Sparse subspace(D)	S(D)	NO.
Mean-Radius(24.25),Worst-Smoothness(0.1447)	−2.32	865 423
Worst-Perimeter(188.5),Mean−Concavity(0.3201)	−1.83	8 810 703
Standard-Smoothness(0.00765),Mean-Radius(27.42), Standard-Concavity(0.08055)	−2.31	911 296 202
Worst-Perimeter(222.8),Worst-Concave Points(0.2688)	−2.14	873 592

表 4−9 中包含的上下文信息是稀疏子空间、稀疏系数和稀疏子空间中对象标识。这样的上下文信息提供了一个对象成为离群数据的理论基础。例如,编号(NO.)为 865 423 的对象是一个离群数据,其理由是属性为平均半径和最差平滑度所形成的稀疏子空间表明,在对象的平均半径较大(例如 24.25)的前提下,该对象的最差平滑度值也非常大(例如 0.144 7),这是不常见的情况,属于异常行为。这一离群数据提供的上下文信息表明疾病可能出现恶化趋势。

第 5 章　多源离群数据并行挖掘方法与性能优化

大数据时代,数据获取和数据来源日益丰富,从多源数据集中检测离群,能发现更有价值的关联性知识。本章结合实例分析了从多数据源中检测离群的必要性,并给出三种不同类型的多源离群及其形式化描述。根据多源离群数据的特征,提出了一种离群检测基准算法以及改进算法,并利用 MapReduce 的强大计算能力,提出了基于 kNN-join 的多源离群并行挖掘算法。在并行 kNN-join 操作中,数据倾斜现象是造成负载不均衡的重要因素之一。我们针对并行 kNN-join 操作中出现的数据倾斜现象,提出了一种新的数据划分方法——kNN-DP,可以有效地缓解负载不平衡问题。最后,在 Hadoop 分布式平台上,验证了算法的性能。

5.1　基于 kNN-join 的多源离群并行挖掘

5.1.1　问题提出

离群数据检测的目的是在数据集中检索不符合预期行为的数据对象,在信用卡欺诈、网络鲁棒性分析、网络入侵检测等领域得到了广泛的应用。现有算法都是从单个数据源中检测离群,随着大数据时代的到来,海量数据爆炸式增长,从两个或多个数据源中进行数据分析逐步成为被重视的科学问题,越来越多的大数据应用程序需要从多个数据源中检测离群。因此,传统的离群数据检测方法无法适应新的时代需求,迫切需要研究一种新的算子,实现多源数据上的离群检测。此外,在海量的大数据中,不可避免地混杂着许多噪声数据,这些噪声隐匿在真正的离群数据中,虽能被离群算法所检测,但无法将其与真实离群相分离,影响了离群数据的可理解性及应用价值。与此同时,一些正常数据有时也被误判为离群,出现在离群结果中,扩大了离群数据的数量,也增加了领域专家辨认、理解真实离群的难度。

为解决这一问题,我们提出了一种新的离群数据检测算子——Outlier-join,旨在从多个相互依存的数据源中检测离群数据,达到约减离群结果中的噪声,实现离群数据的交叉认证。此外,本节研究基于kNN-join 的多源离群检测算法,并在 MapReduce 并行计算框架下,给出了基于 LSH 的多源离群并行算法,改善了 Outlier-join 的性能。

5.1.2 多源离群数据

为了更形象地说明多源离群的价值和意义,本节通过几个实例加以展示,并根据不同的情形详细分析,然后给出相关的形式化描述和定义。

1. 多源离群实例

这是银行向大量客户发放信用卡的一个实例。银行使用数据挖掘方法来分析过去的交易数据,然后预测哪些客户存在违约支付的风险,从而决定其信用卡额度。从风险管理的角度来看,一个必要的功能是从大量的信用卡数据中检测离群,因为信用卡欺诈是极少数客户的行为,属于异常现象。本节介绍的 Outlier-join 算子,能从多个信用卡客户端数据集的联合中,提供有价值的离群数据。例如,Outlier-join 可以回答从已婚夫妇信贷数据中检测出的离群值是否也是未婚人信用数据中的离群值。这两个信用卡数据集的离群数据提供了对已婚者和未婚者在违约支付方面的差异分析。Outlier-join 算子能当作加强风险管理的第一步,可处理以下六种查询分析,其中涉及到的 R 和 S 是信用卡支付交易数据集。

（1）从银行客户数据 R（例如，建设银行数据）中检测出的离群值也是另一银行客户数据 S（例如，农业银行数据）中的离群值，其中两个银行具有一些相同的客户。换言之，由 R 中检测到的离群数据可以通过 S 来验证。该查询有助于发现多个银行中异常支付行为的高风险客户。

（2）从 R 银行数据中检测的离群值，在 S 银行数据中不是离群。这种查询可以发现一种可被认为是中间风险的可疑支付行为，需要其它银行数据进一步验证。可疑的异常数据也可能是噪声。

（2）银行的下属支行客户数据 R 中检测的离群数据，在其银行总行客户数据 S 中不是离群。该查询有助于找到发生在局部范围内的可疑支付行为，属于局部离群数据范畴。

（4）在支行客户数据 R 中检测的离群数据，能在总行客户数据 S 中被验证为离群。这个查询的目的是检测严重的欺诈行为，这些行为不仅是局部离群数据，而且是全局离群数据。

（5）从女性客户数据 R 中检测出的离群值也是男性客户数据 S 中的离群值。该查询有助于研究女性和男性客户之间的信用卡支付差异。

（6）从女性客户数据 R 中检测出的离群值，在男性客户数据 S 中属于正常数据。该查询可以确定类似于男性支付行为的女性离群交易。

另外一种情况是，用于离群数据检测的两个或多个数据集来源于互不相关的数据源，可以看作来源于不同行业或应用领域的数据。从不同领域数据的联合中检测离群数据，可能会产生一些新颖的、更有价值的知识。下面将通过澳大利亚税务局的实例来分析，如何利用来自不同数据源的离群检测来获得单数据源无法得到的深层次信息。

澳大利亚税务局（ATO）为打击偷税、漏税，检测税务欺诈，从多个互不相关的数据源中执行离群数据检测，其中数据源包括社交媒体帖子、私立学校记录和移民数据等等。从不同的数据源检测离群,提供了强大的深层次离群知识,成功协助澳大利亚税务局在 2016 年破解、打击近 100 亿美元的欺诈行为。例如,在一个普通的澳大利亚家庭里,丈夫上报每年 80 000 美元的应税收入,他的妻子每年收入 60 000 美元,基于此,他们处于第二最低纳税范围内。但是从不同数据源收集的信息显示,该家庭三个孩子都在私立学校,估计每年花费 75 000 美元;而移民记录和社交媒体的数据显示,该家庭最近进行了五次商务舱航班并在加拿大惠斯勒滑雪胜地度假,这都需要花费大量金钱,属于高消费范畴。这些现象意味着他们上报的收入与他们的生活方式不符,完全有可能存在其他收入的情形。这促使澳大利亚税务局对该家庭展开深入调查,从多方面审查他们是否有未缴税款的行为。

从上面一系列例子可以得出,设计开发基于多数据源的离群数据检测算法,能发现更深层次的信息和知识,这对正确决策至关重要。

2. 多源离群分类

离群是少量的具有异常行为的数据对象,这些对象经过某种度量与其他数据对象产生了明显差异。然而,从单数据源中检测的离群可能包含了噪声以及被误判的正常数据,这些在离群结果中的非离群数据,不能准确反映数据对象之间的偏差特征,影响了离群的准确性,甚至会导致用户做出错误的决策。如果能从多个数据源实现离群数据检测,则可实现离群数据的交叉认证,为用户提供更有价值的离群结果。例如,在信用卡欺诈检测中,从银行交易中检测的离群值,如果得到其它银行的交叉认证,那么这些离群数据可以更准确、更真实地报告用户的欺诈行为。

为了更好地描述多源离群,根据多个数据源(在本章以两个数据源为代表)之间的关系,将多源离群划分为三类,分别称为交集离群、子集离群以及空集离群,其示意图被显示在图 5.1 中。图 5.1(a)显示的是基于单数据源的传统离群数据,其中对象 O_1、O_2 和 O_3 由于远离其他数据对象,因此被标记为离群数据。

交集离群如图 5.1(b)所示,它是从两个具有相交关系的数据集 R 和 S 中检测离群数据,其交集包含了数据对象 O_1、O_2 和 O_3。经过离群检测发现,对象 O_1 和 O_3 不仅在数据集 R 中属于离群数据,而且在 S 数据集中也是离群数据。但是,对象 O_2 仅在 R 数据集中是离群数据,在 S 数据集中 O_2 与其他对象非常相似,因此属于正常数据。很显然,离群数据 O_1 和 O_3 比 O_2 更可信,因为在 O_1 和 O_3 上实现了离群数据的交叉认证。O_2 只是一个可疑的离群数据,它可能是一个噪声数据,也可能是一个正常数据,需要在其他数据集上再次进行验证。显然,在某些应用领域中,这些可信离群比可疑离群更有价值,比如在欺诈检测、贷款应用处理、入侵检测、故障诊断等应用中。

子集离群如图 5.1(c)所示,R⊂S,对象 O_1、O_2 和 O_3 是数据集 R 中的离群数据,O_2,O_3 在数据集 S 中远离其它对象,也能被检测为离群,但是 O_1 在 S 中是一个正常数据。即,O_2 和 O_3 不仅在 R 集中,而且在 S 集中是离群数据;O_1 仅在 R 集中是离群数据。因此,O_1 是一个局部离群数据,O_2 和 O_3 不仅是局部离群,而且是全局离群。显然,O_2 和 O_3 比 O_1 具有更清晰的偏离特性,因此 O_2 和 O_3 比 O_1 更值得信赖。这种离群值可广泛应用于网络性能监测、故障诊断、卫星图像分析等领域。

空集离群如图 5.1(d)所示,数据集 R、S 相互独立,且 R 和 S 中没有相同的对象(即 R∩S＝∅)。R 和 S 可以具有不同的结构,但是,它们必定有一些相同的属性维(例如相同的主键或外键)。R 和 S 可能是来源于不同领域的数据集(例如,可以是学生成绩数据集和学生身体健康数据集),但这两个数据集可以通过相同的属性维进行连接,然后生成一个具有更多属性维的新数据集,将两个数据集之间的连接用 R ⊤ S 表示。$<O_1, O_1'>$ 是 O_1 和 O_1' 连接产生的对象对,其中 O_1 和 O_1' 分别来源于 R 和 S 数据集,具有至少一个相同的属性值。这种情形中的多源离群检测,其目的是在 R－S 产生的新数据集中,找到一些形如$<O_1,O_1'>$的离群对象对。这些离群对象对就是多源离群,它能应用于信用卡欺诈、税务诈骗等领域。

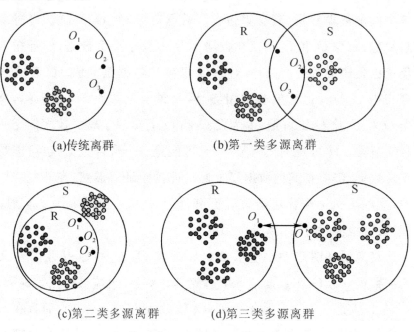

(a)传统离群　　　　　　　　　(b)第一类多源离群

(c)第二类多源离群　　　　　　　(d)第三类多源离群

图 5.1　多源离群实例

5.1.3　多源离群的定义——检测

1.基于 k 最近邻查询的离群数据

给定数据集 R,参数 n 和 k,数据集 R 包含 N 个对象,对于 $\forall\ r\in R$,如果在 R 集中存在不超过 $n-1$ 个其他对象 r',满足 $D^k(r')>D^k(r)$,那么对象 r 是一个基于 k 最近邻查询的离群数据,其中 $D^k(r)$ 被定义为一个距离,即对象 r 到它的第 k 个最近邻之间的距离。也就是说,根据所有对象的 $D^k(r)$ 距离值大小,选择 n 个最大值作为离群数据,这是 Top-n 算法的思想。两个数据对象之间的距离采用 L_p 策略来度量,例如 L_1("Manhattan")和 L_2("Euclidean")代表着曼哈顿距离和欧氏距离。

考虑一个大的数据集,根据 $D^k(r') \geqslant D^k(r)$ 检测离群,需要反复计算最近邻之间的距离,这是一个非常耗时的操作。为解决这一问题,本章采用抽样技术,从大数据集中获得样本数据,并在这个小样本数据集上执行所有对象的 k 最近邻查询及其距离计算,最终获得一个特殊的对象 r,使得正好有 $n-1$ 个其他对象 r' 满足 $D^k(r') \geqslant D^k(r)$。也就是说,特殊对象正好是一个分水岭,它恰好是第 n 个离群数据,距离比它大的是离群,比它小的是正常数据。令 $\omega = D^k(r)$,将参数 ω 用做原始数据集中检测离群数据的依据,ω 被称为对象偏离度。

给定原始数据集 R,对于 $\forall r \in R$,如果 $D^k(r) \geqslant \omega$,对象 r 是 R 数据集中基于 k 最近邻查询的一个离群数据,记作 $Outlier(r,R)$。数据集 R 中所有离群数据,即离群数据集可用如下公式表示:

$$Outlier(R) = \{(r, Outlier(r,R)) \mid for\ all\ r \in R\} \qquad (5-1)$$

2. 多源离群的形式化定义

基于上面对三种多源离群(交集离群、子集离群以及空集离群)的分析,下面给出形式化定义,分别用 Type I、Type II 和 Type III 来描述:

Type I:给定两个数据集 R 和 S,$O = \{R \cap S\} \neq \varnothing$,对于 $\forall o \in O$,如果 $D^k(o) \geqslant \omega_R$,且 $D^k(o) \geqslant \omega_S$,(即 $(Outlier(o,R) \&\& Outlier(o,S))$),那么 o 是数据集 R 和 S 中的多源离群,被称为高得分离群数据,因为它通过了交叉认证。其中,ω_R 和 ω_S 分别是数据集 R 和 S 中的对象偏离度。Outlier-join 操作 $R \propto S$ 返回数据集 R 和 S 中的所有多源离群数据(即多源离群集),$R \propto S$ 形式化定义如下:

$$R \propto S_I = \{Outlier(R) \cap Outlier(S)\}$$
$$= \{(Outlier(o,R) \&\& Outlier(o,S)) \mid for\ all\ o \in R \cap S\} \qquad (5-2)$$

此外,如果 $D^k(o) \geqslant \omega_R$,但是 $D^k(o) < \omega_S$ 时,对象 o 被认为是低得分离群数据,因为它未能通过交叉认证。低得分离群数据可能是噪声数

据,也可能是误判数据。多源离群检测的主要目标是找到高得分离群数据。

Type II:该类型中多源离群的定义与 Type I 中定义相近,只是数据集 R 和 S 的关系发生了微妙变化,即在 Type II 中,$R \subset S$,因此 $R \cap S = R$。详细定义可参照 Type I。

Type III:给定两个数据集 R 和 S,假定 A_1 是 R 和 S 的共同属性维,数据集 R 和 S 通过相同的属性维 A_1 进行连接,产生新的数据集,将其标记为 $R \oplus S$,用 SQL 语句可进行如下表达:$R \oplus S = \{ select * from R, S where R.A_1.value = S.A_1.value \}$,将其记作 $R \oplus S = \{ R.A_1.value = S.A_1.value \}$。

对于 $\forall o \in R \oplus S$,如果 $D^k(o) \geqslant \omega_{R \oplus S}$,那么 o 是 Type III 型多源离群数据点,其中 $\omega_{R \oplus S}$ 是新数据集 $R \oplus S$ 的对象偏离度。在 Type III 型中,Outlier-join 操作 $R \propto S$ 有如下定义:

$$R \propto S_{III} = \{Outlier(R \oplus S)\} = \{(Outlier(o, R \oplus S)) | for all o \in R \oplus S\}$$

3. 多源离群的检测

在 Type I 和 Type II 两种类型中,多源离群数据的检测非常相似,可以采用同样的方法,下面以 Type I 为例进行介绍。

为了找到 Type I 中的高得分离群数据,从 Type I 离群数据的形式化定义可以看出,离群检测最直观的方法(即采用基于 k 最近邻查询的方法)包括以下两个步骤。首先,利用 5.1.3 节介绍的基于 k 最近邻查询的方法,分别从 R 和 S 数据集中检测离群数据集,检测结果分别用 $R_{outlier}$ 和 $S_{outlier}$ 表示。然后,在 $R_{outlier}$ 和 $S_{outlier}$ 集合上,执行交集操作,获得的结果用 $M_{outlier}$ 表示(即 $M_{outlier} = \{R_{outlier} \cap S_{outlier}\}$),$M_{outlier}$ 就是 Type I 型中的多源离群数据。算法 5.1 给出了这一方法的具体执行步骤。

Algorithm 5.1　The baseliene algorithm:*Baseline*

Input:R,S,k,ω_R,ω_S

Output：　$M_{outliers}$；

1) for(int i＝0；i＜|R|；i++)do　　//for each object $o_i \in R$

2)　for(int j＝1；j＜ |R|；j++)do　　//|R| is the number of objects in R

3)　　　　D_i←distance(i,j)；　　//Save distance between o_i and o_j in D_i

4)　end for

5)　$d_{\min}$←select *k-th* minimum value from list D_i

6)　if($d_{\min} \geqslant \omega_R$)　then　　//$o_i$ is an outlier if $d_{\min}$ exceeds ω_R

7)　　$R_{outlier}$←object o_i；

8)　end if

9) end for

10) for(int i＝0；i＜|S|；i++)　do　　//for each object $o_i \in S$

11)　for(int j＝1；j＜ |S|；j++) do　//|S| is the number of objects in S

12)　　　　D_i←distance(i,j)；　　//Save distance between o_i and o_j in D_i

13)　　end for

14)　$d_{\min}$←select *k*-th minimum value from list D_i

15)　if($d_{\min} \geqslant \omega_S$) then　　//$o_i$ is an outlier if $d_{\min}$ exceeds ω_S

16)　　$S_{outlier}$←object o_i；

17)　end if

18) end for

19) $M_{outliers}$←$R_{outlier} \cap S_{outlier}$；

20) output($M_{outliers}$)；

从算法 5.1 中可以看出,本算法的时间复杂度为 $O((|R|^2 + |S|^2) \times O_d)$,其中 $|R|$ 和 $|S|$ 分别是数据集 R 和 S 中的对象个数,O_d 为两对象

之间距离计算的复杂度，即算法 5.1 第 3 行 $D(i,j)$ 的复杂度。当数据集维数和距离度量方式都不同时，复杂度会有明显差异。当数据量非常大时，检测高得分离群将非常耗时。为解决效率问题，特提出一个优化方案，该方案采用 k 最近邻连接（即 kNN-join）的策略来检测离群，将其称之为 MOD。

给定两个数据集 R 和 S，其中 r 和 s 分别是 R、S 中的任一对象（即 $\forall r \in R$，$\forall r \in S$），对象 r 和 s 之间的相似性通过欧式距离 $d(r,s)$ 来计算。从数据集 S 中检索对象 r 的 k 个最近邻居定义为 $knn(r,S)$，它将返回包含 k 个最近邻居（简称为 kNN）的集合，即返回数据集 S 中同 r 距离最小的 k 个对象。k 最近邻连接（即 kNN-join）操作是 R 数据集中每个对象需要从 S 集中检索其 k 个最近邻居，其形式化定义如下：

$$knnJ(R,S) = \{(r,knn(r,S)) \mid for\ all\ r \in R \qquad (5-3)$$

kNN-join 实现了两个数据集之间的最近邻查找，这一思想被用在本章提出的多源离群检测方法 MOD 中。MOD 方案包含以下三个步骤：首先，对输入数据集 R 和 S 求交集（即 $I = \{R \cap S\}$）。其次，分别对 I 和 R、I 和 S 执行 k 最近邻连接（即 $knnJ(I,R)$ 和 $knnJ(I,S)$），然后使用基于 k 最近邻的离群数据检测方法分别从 $knnJ(I,R)$ 和 $knnJ(I,S)$ 中得到两个离群集 $R_{outlier}$ 和 $S_{outlier}$。第三，从 $R_{outlier}$ 和 $S_{outlier}$ 中查找出相同的对象，这些对象就是多源离群数据。算法 5.2 给出了改进算法 MOD 的具体执行步骤。

Algorithm 5.2 Optimal Method：*MOD*

Input：R,S,k,ω_R,ω_S

Output： $M_{outliers}$;

1) RS←R∩S;   // select same objects from R and S

2) for(int i=0; i<|RS|; i++)do   // |RS| is the number of objects in R∩S

3)   for(int j=1; j<|R|; j++)do   // |R| is the number of

objects in R

4)　　　　D_i←distance(i,j);

5)　　　end for

6)　　　$d_{\min}$←select k-th minimum value from list D_i

7)　　　if($d_{\min} \geqslant \omega_R$)then

8)　　　　R_{outlier}←object o_i;

9)　　　end if

10)end for

11)for(int i=0; i<|RS|; i++)do

12)　　　for(int j=1; j<|S|; j++)do

13)　　　　D_i←distance(i,j);

14)　　　end for

15)　　　$d_{\min}$←select k-th minimum value from list D_i

16)　　　if($d_{\min} \geqslant \omega_S$)then

17)　　　　$S_{outlier}$←object o_i;

18)　　　end if

19)end for

20)M_{outliers}←$R_{\text{outlier}} \bigcap S_{\text{outlier}}$;

21)output(M_{outliers});

算法 5.2 表明,改进算法 MOD 的时间复杂度为 $O((|R \cap S| \times |R| + |R \cap S| \times |S|) \times O_d) = O(|R \cap S| \times (|R| + |S|) \times O_d)$,其中 $|R \cap S|$、$|R|$ 和 $|S|$ 分别是数据集 $R \cap S$、R 和 S 中的对象个数。

在 MOD 算法中,k 最近邻的查询需要多次计算两两对象之间的距离,这是一个非常耗时的操作,尤其在高维数据集中,距离的计算随着维数的增加呈直线上升趋势。为解决这一问题,Har-Peled 和 Indyk 提出了 LSH((Locality Sensitive Hashing)策略,它是一种针对海量高维数据的快速最近邻查找算法。在 LSH 中,设计了一种特殊的 hash 函数,这种函数使两个非常相似的对象能以较高的概率映射成相同的哈希值,两个不相似的对象映射为不同的哈希值。一个高维数据对象可通过 hash 函数映射成一维的 hash 值,对象之间的高维距离计算可直接转换成一维值的比较,从而显著减少了最近邻查询的执行时间。为提高 MOD 算法的性能,将 LSH 集成到多源离群检测中,生成另一种改进算法,将其称为 MOD+,执行过程见算法 5.3。

Algorithm 5.3 LSH-based optimal algorithm:MOD+

Input:R,S,k,ω_R,ω_S

Output:$M_{outliers}$;

1)RS←R∩S;   // select same objects from R and S

2)Create an empty hash table HashTableR;

3)for(int i=0; i<|R|; i++)do   //for each object o$_i$∈R

4)   HR$_i$←hash(o$_i$);   //computing object o$_i$'s hash value

5)   HashTableR ← insert(o_i, HR$_i$);   //o_i is inserted to HashTableR according to HR$_i$

6)end for

7)Create an empty hash table HashTableS;

8)for(int i=0; i<|S|; i++)do   //for each object o_i∈S

9)   HS$_i$←hash(o_i);   //computing object o$_i$'s hash value

10)   HashTableS←insert(oi,HSi);

11)end for

12) for(int i=0; i<|RS|; i++)do

13)   HashValue←hash(o_i);

14)   *neighbor*←find(HashValue,HashTableR);

15) d_{min}←distance(o_i,*neighbor*);

16)   if(d_{min}≥ω_R)then   //o_i is an outlier if d_{min} exceeds ω_R

17) $R_{outlier}$←object o_i;

18)　　　end if

19)　　　$neighbor \leftarrow$ find(HashValue, HashTableS);

20)　　　$d_{min} \leftarrow$ distance(o_i, $neighbor$);

21)　　　if($d_{min} \geqslant \omega_S$)then　　　// o_i is an outlier if d_{min} exceeds ω_S

22)　　　　　$S_{outlier} \leftarrow$ object o_i;

23)　　　end if

24)　　end for

25)$M_{outliers} \leftarrow R_{outlier} \bigcap S_{outlier}$;

26)output($M_{outliers}$);

在算法 5.3 中,哈希函数 hash(o_i)的设计与选择需满足如下两个条件:①如果 $d(o_i, o_j) \leqslant d_1$,则 hash($o_i$)＝hash($o_j$)的概率至少为 p_1,即 P(hash(o_i)＝hash(o_j))$\geqslant p_1$;②如果 $d(o_i, o_j) \geqslant d_2$,则 hash($o_i$)＝hash($o_j$)的概率至多为 p_2,即 P(hash(o_i)＝hash(o_j))$\leqslant p_2$。其中,$d(o_i, o_j)$是对象 o_i, o_j 的相似性计算。根据数据类型的差异,两个对象之间的相似性度量方式明显不同,因而哈希函数的选择也具有较大差别。在本章,对象之间的相似性采用欧式距离来计算,哈希函数设定为$h_{a,b}(v)=\lfloor (a \times v+b)/r \rfloor$,其中,$a$ 是一个随机向量,r 是桶的数量,b 是 0 至 r 之间的随机数。算法4.3表明,优化算法 MOD＋的时间复杂度为 $O((|R|+|S|+|R \bigcap S|) \times O_d)$,相比于 MOD 算法,性能有明显改善。

针对 Type III 型多源离群,仅给出基于 LSH 的优化算法,具体步骤参见算法 5.4。

Algorithm 5.4　Type III mining algorithm:MOD＋$'$

Input:　R,S,k,$\omega_{R \oplus S}$

Output:　$M_{outliers}$;

1)M$\leftarrow$R$\oplus$S;// Connect R and S by keyword,then generate a new dataset M.

2)Create an empty hash table HashTableM;

3)for(int i＝0；i<|M|；i++)do

4)　　　　HM$_i$←hash(o_i)；　//computing object o$_i$'s hash value

5)　　　　HashTableM←insert(o_i,HM$_i$)；

6)end for

7)for(int i＝0；i<|M|；i++)do

8)　　　　$neighbor$←find(hash(o$_i$),HashTableM)；

9)　　　　d_{min}←distance(o_i,$neighbor$)；

10)　　　　if(d_{min}≥$\omega_{R\oplus S}$)　　then

11)　　　　　　$M_{outliers}$←object o_i；

12)　　　end if

13)end for

14)output($M_{outliers}$)；

算法 5.4 中,R 和 S 是相互独立的两个数据集,具有相同的关键字或主键,因此在第一步,通过关键字实现了两个数据集的联合查询,查询结果生成新的数据集 M,之后的 LSH 操作将在 M 上进行。该算法的时间复杂度为 $O(2\times|M|\times O_d)$,其中 $|M|$ 是通过连接操作 $R\oplus S$ 生成新数据集中的对象个数,显然,$|M|$ 不会超过数据集 R 和 S 中的对象数量,即 $|M|\leqslant\min(|R|,|S|)$。

5.1.4　多源离群的并行挖掘

本小节在 MapReduce 并行计算框架下,设计并实现了 Outlier-join 的并行算法。Outlier-join 的并行工作流程如图 5.2 所示,其包含一个预处理过程和两个 MapReduce 作业,预处理过程利用随机采样方法对输入数据集进行采样,为第一个 MapReduce 作业提供样本数据集。采样操作只在单节点上运行,旨在生成小样本数据集。第一个作业是在样本数据集上执行 Top-n 离群检测,获得数据集的对象离群度,作为第二个 MapReduce 作业的输入。第二个作业从多数据源中执行基于

LSH 的离群检测,最终输出多源离群数据。

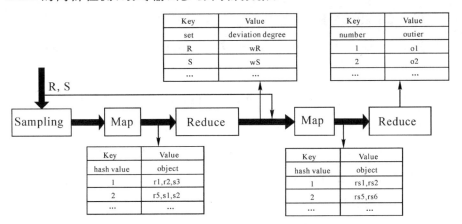

图 5.2 基于 MapReduce 的 outlier-join 处理过程

1. 第一个 MapReduce 作业

Outlier-join 的第一个 MapReduce 作业以样本数据集作为输入数据,在每个计算节点上并行地执行 Top-n 离群检测算法,找出样本数据集中的 n 个离群数据,然后记录第 n 个离群数据同其第 k 个最近邻居之间的距离,该距离以 key/value 对的形式进行输出,并传递给下一个 MapReduce 作业。该作业的执行过程以伪代码的形式描述在算法 5.5 中。

Algorithm 5.5 *Computing Outlier Boundaries*

Input: R′,S′,k,n; // R′,S′ are two sampling datasets

Output: Deviation degree ω_R,ω_S;

1) function MAP(key *offset*,values R′∪S′)

2)   for all($o\in$ R′∪S′)   do

3)   HashBucket←hash(o);

4)   emit(HashBucket,o);

5)   end for

6) end function

7)function REDUCE(key HashValue,values(o. value,o. flag))

8)   for all$(o \in R')$ do

9) $D_i \leftarrow$distance(o, o_i);   //compute and save distances in a HashBucket.

10)   array[ ]$\leftarrow$select *k-th* minimum value from list D_i

11)   end for

12)   sort(array[ ]);   //It is a descending sort.

13) $\omega_R \leftarrow$find *n-th* value in array[ ];

14)   emit(R,ω_R);

15)   for all$(o \in S')$ do

16) $D_i \leftarrow$distance(o, o_i);

17)   array[ ]$\leftarrow$select *k-th* minimum value from list D_i

18)   end for

19)   sort(array[ ]);.

20) $\omega_S \leftarrow$find *n-th* value in array[ ];

21)   emit(S,ω_S);

22)end function

在第一个作业的 Map 阶段,借鉴了 LSH 的思想,实现了数据的划分,即通过哈希函数,将相似度高的对象以较大的概率哈希到同一个桶中,相似度较低的对象哈希到不同的桶中,相同桶中的对象被发送到同一节点运行,从而提高最近邻查询的准确性。算法 5.5 中第 5 行,hash(o)是一个抽象的哈希函数。由于数据类型的不同,对象之间的相似性度量(即对象之间的距离计算)方式有明显差异,例如,如果测量两个集合之间的相似性,那么可应用笛卡尔距离来实现;如果计算两个序列之间的相似性,那么可采用海明距离;欧氏距离可用于测量两个向量之间的相似性。因此在实现过程中,需要根据数据类型对 hash(o)函数重新定义。在本章的实验中,采用欧式距离度量对象之间的相似性,hash(o)函数采用算法 5.3 中相同的设计。在 Map 函数中,以(HashBucket,o)作为 key/value 对进行输出,将每个对象及其桶号传递给 Reduce 阶段。

第一个作业的 Reduce 阶段,主要完成了数据集对象偏离度(可参见 5.1.3 节)的计算。输入数据集共有两个 R' 和 S',分别是源于 R 和 S 的样本数据集,根据多源离群交叉认证的任务,需要对两个数据集分别计算其相应的对象偏离度。Reduce 阶段,首先针对 R' 数据集展开计算,其过程由以下四步组成。第一,对于 R' 中任一对象 o,计算它与其它对象之间的距离(参见算法 5.5 中第 11 行);第二,根据距离,查找对象 o 的 k 个最近邻居(参见算法 5.5 中第 12 行),找出第 k 个近邻对象,保存它与对象 o 之间的距离,将其存储在 array[ ]数据中;第三,所有对象的 k 最近邻计算完毕之后,对数组 array[ ]中数据按照降序排序,排序后第 n 个值就是数据集 R' 中的偏离度(参见算法 5.5 中第 14、15 行)。数据集 S' 的离群边界计算与上述过程类似,不再详细叙述。

2. 第二个 MapReduce 作业

Outlier-join 的第二个 MapReduce 作业接收第一个作业输出的 key/value 对,即样本数据集 R' 和 S' 的对象偏离度,这些值被作为数据集 R 和 S 的近似离群边界,并将其用于本作业的多源离群检测。第二个作业以原始数据集 R 和 S 作为输入数据,采用基于 LSH 的多源离群检测算法(参见算法 5.6),实现多源离群的并行检测。

Algorithm 5. 6　Multi-Outlier Detection

Input：R,S；

Output：M_{outliers}；

1)function MAP(key $offset$,values R∪S)

2)　　for all($o\in$R)do

3)　　　　HashValue←hash(o);

4)　　　　HashTableR←insert(o,HashValue);

5)   emit(HashValue,(o,HashTableR));

6)   end for

7)   for all($o \in S$)do

8)   HashValue←hash(o);

9)   HashTableS←insert(o,HashValue);

10)   emit(HashValue,(o,HashTableS));

11)   end for

12)end function

13)function REDUCE(key HashValue,values(o,HashTable))

14)   RS←R∩S

15)   for all($o \in R \cap S$)do

16)   HashValue←hash(o);

17)   *neighbor*←find(HashValue,HashTableR);

18) $d_{\min}$←distance(o,*neighbor*);

19)   if($d_{\min} \geqslant \omega_R$)then   // o is an outlier if $d_{\min}$ exceeds ω_R

20) R_{outlier}←object o;

21)   end if

22)   *neighbor*←find(HashValue,HashTableS);

23) $d_{\min}$←distance(o,*neighbor*);

24)   if($d_{\min} \geqslant \omega_S$ then // o is an outlier if $d_{\min}$ exceeds ω_S

25) S_{outlier}←object o;

26)   end if

27)   end for

28) M_{outliers}←$R_{\text{outlier}} \cap S_{\text{outlier}}$;

29)   emit(Multi_Outlier,M_{outliers});

30)end function

第二个作业的 Map 阶段,主要执行哈希函数,将每个对象哈希到相应的桶中,并创建数据集 R 和 S 的哈希表。主要包括两步,第一,通过哈希函数 hash(o)计算每一个对象的哈希值;第二,将该对象及其哈希值插入到哈希表中。在该阶段,以(HashValue,(o,HashTable))的key/value 对进行输出,将结果传递给 Reduce 阶段。

　　第二个作业的 Reduce 阶段,通过对哈希表的检索,找出每个对象的第 k 个最近邻,然后通过距离公式及数据集的对象偏离度来判断该对象是否为离群。主要包括以下五个步骤。第一,对数据集 R 和 S 执行集合交操作,找到两个数据集的交集,将其标记为 RS(参见算法 5.6 中第 16 行);第二,对交集 RS 中的每个对象 o,计算其哈希值;第三,根据上一步计算的哈希值,在相应的哈希表中,查询对象 o 的第 k 个最近邻 neighbor(参见算法 5.6 中第 19 行);第四,通过距离公式计算对象 o 同其第 k 个最近邻之间的距离,并与 Map 阶段传递来的数据集对象偏离度进行比较,判断对象 o 是否为离群数据(参见算法 5.6 中第 20 ~23 行);第五,数据集 R 和 S 中离群数据全部计算完成之后,对两个离群结果集进行交集,产生最终的多源离群数据(参见算法 5.6 中第 30 行)。

5.1.5　实验评价

　　本章的实验评价包括两类,一类为串行算法的评价,主要针对三个多源离群数据提出的基准算法和两个优化算法,进行效率和准确性评价;另一类为并行算法的评价,针对基于 MapReduce 的并行 Outlier-join 算法,从数据节点的可扩展性及数据量的伸缩性方面进行评价。本章实验涉及到多组数据集,全部为人工合成而产生,合成工具采用 Microsoft's Excel 中的随机数据生成器,每组数据集的特征在具体实现中详细介绍。

1. 串行算法评价

　　在串行算法实验中,分别对 Type Ⅰ、Type Ⅱ 和 Type Ⅲ 三种类型的多源离群检测算法进行深入分析。实验涉及的软硬件环境配置如下：Intel(R)Core(TM)i5－4570 CPU,4GB 内存,Windows 7 操作系统,java 作为开发工具设计并实现 Baseline、MOD、MOD＋以及 MOD＋'四个算法。

（1）Type I 型多源离群实验分析。本组实验涉及的两组数据集具有相交关系,因而,采用随机数据生成器,合成两组服从正态分布的数据集 R 和 S,每个数据集包含 200 个属性以及 50,000 个数据对象,其中有 10,000 个数据对象在两个数据集中共同出现。然后在数据集 R 和 S 中,增加 200 个服从 0～1 的均匀分布数据对象,作为离群数据,其中 100 个离群数据由两个数据集共有。在上述数据集上,分别测试了 Baseline、MOD、MOD＋三个算法的时间和准确性,实验结果如图 5.3 所示。

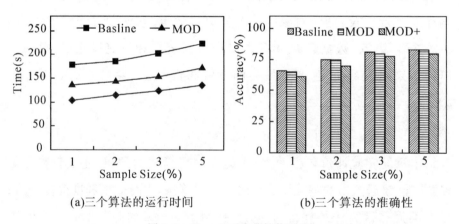

(a)三个算法的运行时间　　　　　　(b)三个算法的准确性

图 5.3　Type I 型中的性能对比

在图 5.3(a)是我们提出的三个算法(Baseline、MOD 和 MOD＋)在不同样本集大小下的执行时间。随着样本集比例的增加,三个算法的执行时间都明显增高,其原因是在样本数据集中需要计算数据集的对象偏离度,样本集越大,计算复杂度越高。此外,在三个算法中,基准算法 Baseline 的性能最差,采用 kNN－join 技术的 MOD 算法适中,基于 LSH 的 MOD＋算法性能最好。尤其是 MOD＋算法相比 Baseline 运行时间降低了 42％左右,这一明显的性能改善离不开 LSH 技术,该技术以最近邻居的近似解代替准确解,以此为代价换取算法效率上的优化。从图 5.3(b)中可看出,MOD＋的准确性比其它两个算法有小范围的降低。当然,样本集越大,三个算法的准确性呈现上升趋势,但在样本比例位于 3％～5％的时候,准确性提高不明显。为了兼顾效率和准确性两个方面,在本节的数据集中,样本比例设置为 3％是一个较优的选择。

(2)Type II 型多源离群实验分析。本组实验涉及的两组数据集具有子集关系,因而人工合成的 R 数据集,包括 20 000 个服从 0～1 的均匀分布数据对象,另外增加 100 条服从 1～10 的均匀分布数据和 100 条服从 $N(0,1)$ 的正态分布数据作为离群数据。合成的 S 数据集首先包含 R 数据集中的所有正常数据和 200 个离群数据,然后加入 30 000 个服从 1～10 的均匀分布数据。在上述数据集上,分别测试了 Baseline、MOD、MOD＋三个算法的时间和准确性,实验结果如图 5.4 所示。

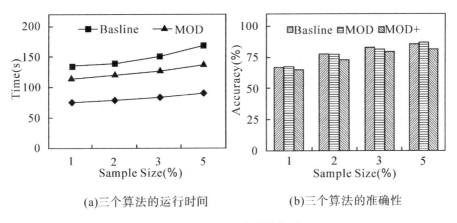

(a)三个算法的运行时间　　　　(b)三个算法的准确性

图 5.4　Type II 型中的性能对比

图 5.4 显示了 Type II 型多源离群中的三个算法的性能比较。Type II 型与 Type I 型多源离群的区别在于两个数据集 R 和 S 的关系

不同，Type I 型中 R 和 S 是交集关系，而 Type II 型中 R 是集合 S 的子集。在算法的执行上，两者是完全一致。从图 5.4(a)的执行效率和图 5.4(b)的准确性比较可以看出，Type II 型的实现现象同 Type I 非常相似，当然造成这些现象的原因也相同，因而本节就不再详细分析。

（3）Type III 型多源离群实验分析。本组实验涉及的两组数据集相互独立且拥有至少一个相同的属性维。因而，在人工合成 R、S 数据集时，令两个数据集中包含相同的 ID 号作为其共同属性维。具有相同 ID 的两个数据对象 r 和 s，可以将其看成是在不同角度对同一数据对象的描述或度量。在此基础上，人工合成了三组 R、S 数据集，其中 R 数据集服从均匀分布，S 集服从正态分布，这些数据特征详细描述在表 5-1 中。三组合成数据集在数据维度上是不同的，分别为 50、100、200 个属性维，在对象数量上及其分布特征上完全一致。在上述数据集上，测试了算法 $MOD+'$ 的性能，实验结果如图 5.5 所示。

表 5-1　数据特征描述

	ID	R 集数据分布	S 集数据分布
正常数据	NO. 00001～NO. 25000	(0～1)均匀分布	$N(0,1)$正态分布
	NO. 25001～NO. 50000	(0～5)均匀分布	$N(0,5)$正态分布
多源离群	NO. 50001～NO. 50100	(0～1)均匀分布	$N(0,5)$正态分布
	NO. 50101～NO. 50200	(0～5)均匀分布	$N(0,1)$正态分布

在 Type III 型多源离群检测中，涉及到两数据集的联合查询，这将导致生成一个维数更高的新数据集。因此，本组实验合成了不同维度的数据集，使用 $MOD+'$ 算法进行比较。图 5.5(a)显示了三个数据集的执行时间，可以看到随着维数的增加，执行时间将更高。结合图 5.5(b)的准确性比较，维数高的数据集，准确性相对较低。这说明，维数的增加不仅带来了较高的时间复杂度，而且影响了多源离群检测的准确性。但是，当数据集维度增加时，$MOD+'$ 算法的执行时间没有呈现按

比例增长趋势,与维度增长的幅度相比,执行时间增长比例处于较小范围内。而在准确性方面,高维数据集(例如 Dimension＝200)略低于低维数据集(例如 Dimension＝50),差距并不明显。这些现象可以说明,$MOD+^{\prime}$算法可以推广到更高维的数据集中。

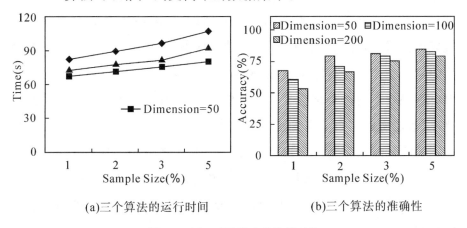

(a)三个算法的运行时间　　(b)三个算法的准确性

图 5.5　Type III 型中的性能对比

2. 并行算法评价

在并行算法实验中,主要对基于 MapReduce 的 Outlier-join 算法的并行性能进行分析。实验涉及的分布式环境为 24 个节点的 Hadoop 集群,集群中的每个计算节点硬件环境为:英特尔 E5－1620 V2 系列 3.7G四核处理器、16GB 内存;软件环境为:Centos 6.4 操作系统,Hadoop 1.1.2 集群环境,Java JDK 1.6.0_24 开发工具。实验中数据依旧采用人工合成形式,生成服从正态分布的多组 R 和 S 数据集,这些数据集包含 200 个属性,且在同组的 R 和 S 数据集中包含 20％的相同对象。每组数据集大小分别为 1GB、2GB、4GB 和 8GB。

(1)集群的扩展性。在本组实验中,采用人工合成的 4GB 数据集作为实验数据,分别在 4、8、16、24 个计算节点的集群上测试并评价 Outlier-join 算法的可扩展性。k 最近邻个数分别设定为 50、100、200,样本数据集比例设定为 3％,图 5.6 显示了算法的执行时间和加速比。

在图 5.6(a)中,参数 k 值对算法效率有明显影响,k 值越大,执行时间越长。这是因为在计算每个查询点的第 k 个近邻时,计算量发生了变化,一个较大的 k 值,会产生更多的近邻个数,导致需要更多的时间执行近邻的比较。当计算节点数量从 4 增加到 24 的时候,算法的执行时间呈线性降低。由于节点数量的增加,分配给每个节点的对象数量成比例减少,算法的执行时间必然显著减少。在 24 节点上,三种 k 值配置下的算法运行时间呈现靠拢趋势,说明随着节点数量的增加,k 值对算法效率的影响将会变弱。在图 5.6(b)中,显示了节点之间的加速比,该比例以 4 个节点的执行时间为基数(即作为比例的分子),其余节点的执行时间作为分母进行计算。因此,4 节点的加速比为 1。从图 5.6(b)能够看出,无论参数 k 取何值,算法都以较理想的加速度进行执行。这说明,该算法具有较低代价的数据传输,能够在大规模集群上进行扩展。

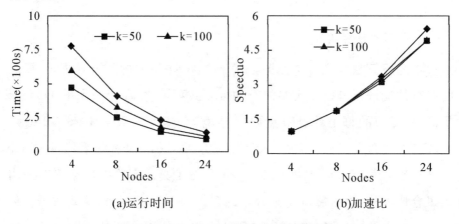

(a)运行时间   (b)加速比

图 5.6 Outlier-join 算法的集群扩展性

(2)数据集的伸缩性。在本组实验中,通过多组不同大小的数据集来评估 Outlier-join 并行算法的数据伸缩性,集群节点数量设定为 8,样本比例大小设定为 3%,分别对参数 k 为 50、100、200 三种情况进行了实验测试。图 5.7 显示了算法的执行时间及相应的时间比。

图 5.7(a)显示随着数据集大小的增加,算法执行时间持续增加;图 5.7(b)则显示了相应的时间比。该比例以 1GB 数据的执行时间为基准,通过与 1GB 数据执行时间的比较来计算其他数据集的时间比。换言之,1GB 数据集的时间比为 1,其余数据集的时间比为该数据集的处理时间与基准之间的比例。无论在哪种大小的数据上,一个大的参数 k (例如 $k=200$)总会导致更高的执行时间,这是由 k 最近邻计算量的上升造成的,无法避免。但是有趣的是,一个大的参数 k 随着数据量的增加,加速比变化较小,这说明在更大的数据集上,k 值的影响将产生减小趋势。例如,在图 5.7(b)中,$k=100$ 与 $k=200$ 的曲线接近重叠,说明两者的加速比几乎一样。另一个现象是,在图 5.7(a)中,当数据集从 1GB 增加到 8GB 的时候,各种 k 值配置下的执行时间都在显著增加,而且呈现线性增长趋势,其原因是数据集增加之后,分配到每个计算节点的对象数量同样增长,因此执行近邻查找及连接操作的时间也成比例增加。参考图 5.7(b)的时间比,算法执行时间的增长速度与数据集大小的增长比例是一致的,这说明数据量的增加没有给 Outlier-join 算法带来其它副作用,能适用于更大的数据集。

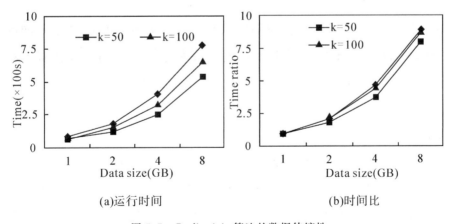

(a)运行时间　　　　　　　　　(b)时间比

图 5.7　Outlier-join 算法的数据伸缩性

5.2 基于 MapReduce 的并行 kNN-join 数据倾斜

在并行 kNN-join 操作中,数据倾斜现象是造成负载不均衡的重要因素之一。本节针对并行 kNN-join 操作中出现的数据倾斜现象,提出了一种新的数据划分方法——kNN-DP,可以有效地缓解负载不平衡问题。kNN-DP 的核心是数据划分模块,该模块能够动态地分割数据,缓解 Hadoop 集群上的数据倾斜,从而优化 kNN-join 的性能。为了更好地评价并行 kNN-join,构建了面向并行 kNN-join 的数据划分代价模型,详细分析了并行 kNN-join 算法的时间复杂度及其上下边界。在分割数据时,为每个节点引入较小的冗余数据,通过增加少量的存储代价换取更高的准确性。此外,还给出了两种 kNN-DP 的实现策略,将 kNN-DP 无缝集成到现有的 kNN-join 算法中。最后,在 24 个节点的 Hadoop 集群环境下,采用人工合成数据和真实数据,测试并分析了 kNN-DP 的性能。

5.2.1 问题提出

k 近邻连接(即 kNN-join)是数据挖掘中经典操作之一,被广泛应用在分类、聚类和离群数据检测中。kNN-join 操作需要在两个不同的数据集之间查询 k 近邻,它能提供比范围相似连接更有意义的查询结果。但是 kNN-join 是一个时间复杂度较高的操作,其最近邻搜索和连接都需要花费较长时间。当在海量高维数据集上执行 kNN-join 时,其高额的时间开销变得更加明显。在过去几年,研究者为了改进 kNN-join 的性能,提出一些优化算法。这些算法有助于降低 I/O 和 CPU 的运行时间,具体体现在连接调度、数据排序、过滤和还原等过程中。这些技术在一定范围内提高了 kNN-join 的效率。随着海量数据的爆炸式增长,串行算法已经无法满足要求,其较低的运行效率成为 kNN-join 的一个瓶颈。

为减少 kNN-join 中的高额时间开销,一些研究者设计、开发了各种各样的并行 kNN-join 方法。一般并行 kNN-join 算法由三个阶段组成,即任务创建、任务分配和并行任务执行。在这三个阶段中,保留数据局部性是降低 CPU 和 I/O 成本的有效途径。近年来,基于 MapReduce 的 kNN-join 引起了很多学者的关注。MapReduce 是一种简单高效的并行计算框架,提供了高可扩展性和高容错性。大量研究表明 MapReduce 是处理分析海量、高维数据的一种重要框架。基于 MapReduce 的 kNN-join 并行算法是一类非常实用的方法,但是,这类方法普遍存在数据倾斜问题。

现有的基于 MapReduce 的 kNN-join 算法对数据分布特征及数据的不平衡具有较强的敏感性,不平衡的数据严重降低了并行 kNN-join 算法的效率。其原因是数据的不平衡导致各计算节点的工作负载(即各计算节点的计算量)不平衡,使负载过重的节点成为 MapReduce 集群系统的性能瓶颈。这一数据倾斜问题急需找到一种专用性的数据划分方案,实现负载均衡。

本节研究了一个新颖的数据划分策略——kNN-DP,解决并行 kNN-join 中的数据倾斜问题。此策略可以优化 Hadoop 集群中各节点之间的数据分配方案,使各节点的运算时间复杂度保持基本平衡。此外,给出了两种 kNN-DP 的实现策略,将 kNN-DP 同基于局部敏感哈希(LSH)和基于空间填充曲线(z-value)的两种 kNN-join 算法相融合,分别称为 LSH＋ 和 z-value＋。最后通过实验验证了 kNN-DP 的性能。

5.2.2　并行 kNN‐join 中的数据倾斜

1. kNN-join

在 d 维空间 R^d 上,给定两个数据集 R 和 S,其中 r 和 s 分别是 R、S 中的任一对象,即 $r \in R$ 和 $s \in S$,两个对象 r 和 s 之间的相似性通过欧

式距离 $d(r,s)$ 来计算。请注意,其他一些相似的距离测量方法被描述在 5.2.4 节。从数据集 S 中检索对象 r 的 k 个最近邻居被定义为 knn (r,S),将返回包含 k 个最近邻居的集合。

给定对象 $r \in R$,k 近邻连接(即 kNN-join)操作是从数据集 S 中为数据集 R 的每个对象检索 k 个最近邻居,即从数据集 S 中返回 R 中每个对象的 kNN 的集合,在本节采用 $knnJ(R,S)$ 标记 k 近邻连接操作。其形式化定义如下:

$$knnJ(R,S) = \{(r,knn(r,S)) \mid for\ all\ r \in R\} \qquad (5-4)$$

2. 三种数据划分策略

给定两个数据集 R 和 S,$\forall r \in R$,kNN-join 操作是在数据集 S 中搜索对象 r 的 k 个最近邻居,这一过程需要计算 r 同 S 中所有对象之间的距离。因此,数据集 R 中的每个对象必须扫描一次数据集 S 才能完成它的 k 近邻搜索。显而易见,kNN-join 操作的时间复杂度是 $O(|R| \times |S|)$,其中 $|R|$ 和 $|S|$ 分别是数据集 R 和 S 中对象的个数。如果数据集 R 和 S 中的元素是有序排列,那么 kNN-join 的时间复杂度可减少为 $O(|R| \times \log_2 |S|)$。在基于 MapReduce 的并行 kNN-join 中,数据集 R 和 S 需被分割,然后分配到不同的节点上执行。为方便描述,现将 R 和 S 划分成 n 个组(即 n 个分区),其中 $R_i \subseteq R$,$S_i \subseteq S$,$1 \leqslant i \leqslant n$,$R_i \cap R_j = \varnothing$,$S_i \cap S_j = \varnothing (i \neq j)$。假定每个分区的数据是有序的,而且单个分区数据由一个节点来处理,所有分区数据能被并行地计算,那么并行 kNN-join 总的时间复杂度由分区中运行最慢的节点来决定,即最慢节点的运行时间就是集群的最终执行时间。因此,并行 kNN-join 操作的时间复杂度可描述为 $\underset{(1 \leqslant i \leqslant n)}{\mathrm{Max}} \{O(|R_i| \times \log_2 |S_i|)\}$。如果数据集 R 和 S 能被合理划分,最坏分区的运行时间将会明显减少。理论上,缩短最坏分区的运行时间能有效提高并行 kNN-join 的效率。

给定数据集 R 和 S,基于 MapReduce 的并行 kNN-join 操作可采用三种策略实施数据划分。第一种策略称之为 Balance_R,是将 R 数据集等量划分为 n 个组(即每个分区包含相同数量的 R 数据集中的对象),然后根据 R 数据集的分区边界对数据集 S 进行划分。第二种策略称之为 Balance_S,是将 S 数据集等量划分为 n 个组(即每个分区包含相同数量的 S 数据集中的对象),然后根据 S 数据集的分区边界对数据集 R 进行划分。第三种策略是 Balance_RS,其思想是首先合并 R 和 S 数据集中的数据对象,生成{ R∪S }集合,然后对集合{ R∪S }中的对象进行排序,并将其等量划分为 n 个组,这种策略中每个分区包含相同数量的数据对象。

3. 时间复杂度分析

假定存在一种理想的情况:数据集 R 和 S 能够被完美地划分,即在这种划分中,每个分区中 kNN-join 的计算复杂度是相同的。每个分区被分配 $R_i \cup S_i$ 的数据块,并且满足条件 $|R_i| = |R|/n$, $|S_i| = |S|/n$,其中 $|R_i|$ 和 $|S_i|$ 分别是数据集 R_i 和 S_i 中包含的对象数。在这种理想状态下,Hadoop 集群中各数据节点的工作负载是完全均衡的,其时间复杂度可被表示为 $O((|R|/n) \times \log_2(|S|/n))$,将其称为并行 kNN-join 操作的最优时间复杂度,记作 O_{best}。因此,可得到如下等式 $O_{best} = O((|R|/n) \times \log_2(|S|/n))$。

另一种极端情况是最恶劣的数据划分,分别针对 Balance_R 和 Balance_S 策略进行分析。Balance_R 策略的最恶劣情况是数据集 S 中所有对象被划分到单一分区,即存在一个数据块 S_i,满足 $|S_i| = |S|$。该情况下的时间复杂度由包含 S_i 数据块的所在分区决定,记作 $O_{R,worst}$,形式化描述为

$$O_{R,worst} = \max_{(1 \leqslant i \leqslant n)} \{ O(|R_i| \times \log_2 |S_i|) \} = O(|R|/n \times \log_2 |S|)$$

$$(5-5)$$

相似地,Balance_S 策略的最恶劣情况是数据集 R 中所有对象被划分到单个分区,即存在一个数据块 R_i,满足 $|R_i| = |R|$。该情况下的时

间复杂度用 $O_{S,worst}$ 表示,其大小由包含 R_i 数据块的所在分区决定,形式化描述为

$$O_{S,worst} = \underset{(1 \leqslant i \leqslant n)}{Max} \{ O(|R_i| \times \log_2 |S_i|) \} = O(|R| \times \log_2(|S|/n))$$

$$(5-6)$$

如果一个分区的时间复杂度远低于 O_{best},那么必然存在至少一个分区的时间复杂度高于 O_{best}。因此,如果不合理的数据划分带来了节点之间运行时间的不平衡,将导致数据倾斜问题。本章采用倾斜因子来量化一个分区的数据倾斜程度,倾斜因子被形式化定义为

$$\delta_i = \left| \frac{O(|R_i| \times \log_2 |S_i|) - O_{best}}{O_{best}} \right|$$

$$(5-7)$$

如果一个分区的倾斜因子等于 0(即 $\delta_i = 0$),这表明该分区上数据是平衡的,不存在数据倾斜问题。因此,当一个分区的倾斜因子接近于 0,表明该分区具有较小的数据倾斜,可以将其看作数据近似平衡;否则,当倾斜因子远离于 0,说明该分区的数据倾斜非常严重。为了量化一个分区的近似平衡,引入倾斜因子阈值 T,并通过下述公式来度量:

$$\delta_i = \left| \frac{O(|R_i| \times \log_2 |S_i|) - O_{best}}{O_{best}} \right| \leqslant T$$

$$(5-8)$$

很容易可以将公式(5-8)转换为:

$$-T \leqslant \frac{O(|R_i| \times \log_2 |S_i|) - O_{best}}{O_{best}} \leqslant T$$

$$(5-9)$$

公式(5-9)表明,如果一个分区的倾斜因子位于 $-T$ 和 T 之间,说明该分区近似平衡;否则如果倾斜因子小于 $-T$ 或者大于 T,说明该分区发生数据倾斜。

由分区的倾斜因子能轻易推导出集群的数据倾斜水平,形式化描述如下:

$$\Delta = \underset{(1 \leqslant i \leqslant n)}{Max} \left\{ \left| \frac{O(|R_i| \times \log_2 |S_i|) - O_{best}}{O_{best}} \right| \right\}$$

$$(5-10)$$

公式(5-10)被用作数据倾斜的代价模型,可为基于 MapReduce

的并行 kNN-join 的效率评价提供一个参照。

5.2.3　动机实例及优化

1. 实例说明

本实例通过下述六步进行描述。①采用随机数据产生器来建立一个小数据集,该数据集服从正态分布且包含 10 000 个对象和 200 个属性;②采用传统的相似性度量方法——LSH(局部敏感哈希)将每个多维数据对象映射成一维哈希值,简称为数据特征值或特征值;③将所有的数据特征值划分为两个数据集,分别是 R 集和 S 集,其中每个数据集包含 5 000 个特征值,可看作 5 000 个数据对象(即,$|R|=5\ 000$,$|S|=5\ 000$);④分别将 R 和 S 集中的特征值按照升序排序,使得 R 和 S 成为有序数据集;⑤分别采用 Balance_R,Balance_S,Balance_RS(参见 5.3 节)策略将数据集 R、S 划分成 4 组;⑥采用时间复杂度模型来直观地展示三种策略的时间复杂度。

2. 实例结果及分析

表 5 - 2 从理论上概述了 Balance_R,Balance_S,Balance_RS 和 Balance_R+策略的时间复杂度,其中 Balance_R+是一种手动调整分区策略,是 Balance_R 策略的一种扩展。

表 5 - 2 对四种分区策略的时间复杂度进行比较,从中发现下面三个有趣的现象。第一个现象是 Balance_R,Balance_S 和 Balance_RS 三种数据划分策略都导致了数据倾斜。例如,在 Balance_R 策略中,4 个分区的时间复杂度分别为 12 379,12 541,12 216 和 13 811。也就是说,最后一个分区呈现了最长的处理时间。这将成为并行 kNN-join 操作中的性能瓶颈,这一瓶颈可通过处理数据倾斜来缓解。

第二个现象是 Balance_R,Balance_S,和 Balance_RS 三种数据划分策略的集群时间复杂度明显高于理想情况下的时间复杂度,其原因是理想状态下不存在数据倾斜问题。当集群的时间复杂度接近于理想

值的时候，数据倾斜所造成的不利影响将逐渐变小，甚至可以忽略
不计。

表 5 - 2　四种策略的时间复杂度比较

Parameters	Balance_R	Balance_S	Balance_RS	Balance_R＋
First partition	12 379	16 398	14 136	12 888
Second partition	12 541	16 306	14 094	12 871
Third partition	12 216	17 303	14 616	12 787
Four partition	13 811	1 429	8 069	12 889
Maximum time	13 811	17 303	14 616	12 889
Best case	12 859	12 859	12 859	12 859
Worst case	15 359	51 438	×	×

第三个现象是在最坏情况下，Balance_R 和 Balance_S 策略的时间复
杂度分别为 15 359 和 51 438。如果对 Balance_R 和 Balance_S 策略进行
优化，其优化结果应该在理想情况与最坏情况之间。因而 Balance_R 策
略优化后的时间复杂度在 12 859 至 15 359 之间，相似地，Balance_S 策
略优化后的的时间复杂度在 12 859 至 51 438 范围内。理想情况与最
坏情况之间的时间复杂度存在巨大差异，迫切需要解决，这是研究优化
数据划分策略的主要动机。

　　为了对上述的实验结果进行验证，通过修改部分参数，再次做了实
验。第二个实验的测试数据集服从均匀分布，分区数量设定为 3，数据
集 R 和 S 中包含的对象数分别为 10 000 和 15 000。kNN-join 的时间
复杂度结果显示在表 5 - 3 中，从表 5 - 3 得到了同表 5 - 2 相近的实验
结果。从两组实验可以看出，在服从不同分布的数据集上，在不同的分
区数上以及在不同的数据集大小上，并行 kNN-join 操作都存在数据倾
斜问题。

表 5 - 3　kNN-join 在均匀分布数据集上的时间复杂度

Parameters	Balance_R	Balance_S	Balance_RS	Balance_R+
First partition	39 800	47 639	45 280	40 933
Second partition	42 781	26 812	31 856	40 962
Third partition	39 582	48 426	45 400	40 970
Maximum time	42 781	48 426	45 400	40 970
Best case	40 955	40 955	40 955	40 955
Worst case	46 238	122 877	×	×

3. 优化的上界

基于 MapReduce 的并行 kNN-join 可优化上界是依赖理想情况 (O_{best}) 和最坏情况 (O_{worst}) 下的时间复杂度而提出的,它可量化数据划分策略对 kNN-join 效率的改善程度。换言之,可优化上界指明了数据划分策略能改善 kNN-join 性能的最大值。其中 O_{worst} 是 $O_{R, worst}$ 和 $O_{S, worst}$ 中较大的值,可以形式化描述为 $O_{worst} = \text{Max}\{O_{R, worst}, O_{S, worst}\}$。因而可优化上界被定义为

$$U = (O_{worst} - O_{best})/O_{worst} \qquad (5 - 11)$$

由公式(5 - 5)和公式(5 - 11),很容易推导出 Balance_R 策略的可优化上界:

$$U_R = \frac{O(|R|/n \times \log_2|S|) - O(|R|/n \times \log_2|S|/n)}{O(|R|/n \times \log_2|S|)} = \log_{|S|} n$$

$$(5 - 12)$$

从公式(5 - 12)发现,当分区数固定不变的时候,随着 S 数据集大小的增加,Balance_R 策略的可优化上界明显降低;当数据集 S 大小不变的时候,可优化上界随着分区数 n 的增加而显著增加。

类似地,Balance_S 的可优化上界由公式(5 - 6)和式(5 - 11)推出如下:

$$U_S = \frac{O(|R| \times \log_2|S|/n) - O((|R|/n) \times \log_2|S|/n)}{O(|R| \times \log_2|S|/n)} = \frac{n-1}{n}$$

$$(5 - 13)$$

从公式(5-13)可以得出,Balance_S策略的可优化上界仅依赖于分区的数量,并且呈线性减小。

整体而言,可优化上界同R、S数据集中的对象数以及分区数n有密切关系。图5.8展示了在不同的对象数和分区数的配置下,Balance_R和Balance_S策略的一系列可优化上界。在图5.8(a)的范例中,数据集R和S中的对象数由10^3逐渐增长为10^7,分区数n设定为100。从图5.8(a)能够发现两个现象,其一是在Balance_R策略中,当R和S集中对象数显著增加时,可优化上界会逐步下降。其二是Balance_S策略的可优化上界总是保持在一个很高的水平,其原因是当分区数被设定为100的时候,$U_S = 0.99$(计算过程参见公式(5-13))。

在图5.8(b)中,分区数n从5逐渐增长到400,R和S数据集中的对象数设定为10^6,该组实验用于测试分区数量对可优化上界的影响。从图5.8(b)可以发现,增长的分区数n会导致更大的可优化范围,也就是说,集群中计算节点数越多,面向kNN-join的数据划分优化策略越有价值。

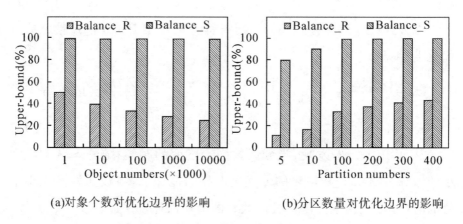

(a)对象个数对优化边界的影响 　　　(b)分区数量对优化边界的影响

图5.8　两种策略的优化上边界

图5.8显示,当kNN-join算法在具有大量节点的高性能集群上运行时,其数据倾斜问题更加严重。再次回顾表5-2的实验,当分区数量

设定为 4 的时候,Balance_R 和 Balance_S 策略的可优化上界分别为 16.3% 和 75%。有趣的是,如果将分区数 n 增加为 400,这两个可优化上界分别增加到 43.32% 和 97.5%。这一现象说明可优化上界会随着分区数量的增加,产生更大幅度的性能改善。该结果的趋势表明,对于大规模 Hadoop 集群,在执行 kNN-join 操作时,良好的数据划分策略可以显著地改善 kNN-join 的性能。

4. Balance_R＋策略

表 5-2 中 Balance_R,Balance_S 和 Balance_RS 三种策略的集群时间复杂度分别为 13 811,17 303 和 14 616。很明显,Balance_R 是三种策略中最好的一个数据划分方法。但是,Balance_R 的时间复杂度依旧比理想情况下高出很多(O_{best} 为 12 859),数据划分的优化还具有较大提升空间。因而,设计了一种称为 Balance_R＋的数据划分方法,它是 Balance_R 策略的拓展版本。Balance_R＋策略在 Balance_R 分割数据之后,采用手动方式调整各个分区的大小,缩小各个分区之间的数据量差异,从而降低 kNN-join 在集群上的运行时间复杂度。

在 Balance_R＋策略中,通过手动调整分组边界值来修改每个分区的数据量。在每次调整中,其目标主要集中在最大分区的数据分割。具体而言,通过修改最大分区的下边界和上边界,使得少量对象移动到两个相邻的小分区中。每次调整之后,可以得到四个新分区的时间复杂度。然后,将最大分区的时间复杂度与理想情况下的复杂度进行比较,以确定是否需要进一步调整。如果两者之间存在较大差异,则按照上述修改大分区的步骤重复调整四个分区中的对象,直到两者之间的差别不明显时,手动调整过程停止。在手动调整完成之后,四个分区的时间复杂度被更新为 12 888,12 871,12 787 和 12 889(参见表 5-2 最后一列)。

通过手动调整分区边界,可以缓解四个节点上的数据倾斜问题。不幸的是,Balance_R＋数据划分策略存在一些缺点。首先,手动更改分区边界极其耗时。例如,在完成一轮边界调整之后,必须统计每个分区的时间复杂度。第二,虽然可以手动调整少量的分区(例如四个分区),但是配置大量分区的边界将成为一个望而生畏的任务。更糟糕的是,手动划分大量数据是不切实际的工作。因此,需要设计一种自动数据划分策略来代替 Balance_R+策略,实现动态、快速地分割数据,确保并行 kNN-join 中的数据倾斜问题忽略不计。

5.2.4　面向并行 kNN-join 的数据划分

在本小节中,介绍 kNN-DP 数据划分策略的设计与开发。在给出 kNN-DP 的概述之后,讨论了数据预处理过程中的采样技术。然后详细介绍了 kNN-DP 的第一个 MapReduce 作业,将样本数据划分到 n 个分区,并循环调整不平衡分区中的数据量,得到优化的分区边界。最后,对第二个 MapReduce 作业进行了详细描述,该作业根据优化的分区边界对原始数据进行划分,实现 reducer 之间的负载相对平衡,在平衡之后的数据节点上执行 kNN-join 操作。

1. kNN - DP 概述

kNN-DP 包含一个预处理过程和两个 MapReduce 作业,其工作流程如图 5.9 所示,包括下面三个步骤:

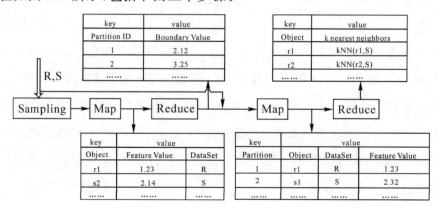

图 5.9　基于 MapReduce 的 kNN-DP 处理过程

采样简介:预处理过程主要实现对输入数据集 R 和 S 的采样。通过对样本数据集的分析能获得原始数据集的近似分布特征,实现了以较低的时间代价提高数据划分的准确性。

获取数据分区边界:第一个 MapReduce 作业主要确定数据分区的边界。该作业可确保每个分区的时间复杂度近似等于理想情况下的时间复杂度,意味着分配在所有分区上的数据实现了较好的均衡。相关算法的设计及实现完成了动态分区边界的调整,并获取了优化后的分区边界值。

划分数据并计算 kNN-join:第二个 MapReduce 作业完成两个目标。目标一是,根据第一个 MapReduce 输出的优化边界,第二个 MapReduce 作业中的 mapper 为每个数据节点分配数据。目标二是,第二个 MapReduce 作业中的 reducer 为 R 数据集中的所有对象在 S 数据集上查找 k 近邻,即实现 kNN-join 操作。

2. 采样技术

为优化并行 kNN-join 的性能,一个理想的数据划分策略应该通过对象相似性将其聚类,然后根据聚类结果建立负载均衡的多个分区。当等量负载的分区被分配到各节点后,每一节点处理一个独立分区数据,因此每个节点的处理时间是相近的。换言之,多个分区上的数据具有相近的 kNN-join 运算复杂度,是并行 kNN-join 算法实施优化的一种有效方式。

为了均等地划分一个大数据集,实现多个分区的负载均衡,必须知道数据集的分布特征。大数据的特征分析需要对大量对象进行扫描并排序,这一过程具有较高的时间开销。为了减少分析过程的处理时间,可在一个小样本数据集上捕获分布特征,用以近似描述大数据的特征。

在 Hadoop 集群的主节点上实现了一个预处理程序,该程序从原始数据集中抽取一个样本数据集,使得能从小样本中捕获大数据集的分布特征。虽然存在许多采样方法,但都不能广泛应用于所有类型的数据处理。因此,切实可行的方法是根据数据特性采用适当的采样方法。为了在较低的计算成本下获得原始大数据集的分布特征,本小节设计了以下三种数据采样方法,用于 Hadoop 集群上的数据划分。

简单随机采样:如果存储在 HDFS 中的数据集 R 和 S 服从相同的分布,采用简单随机采样法从 $R \cup S$ 中抽取小样本作为样本数据集,即数据集 $R \cup S$ 中的对象根据 $P = 1/(\varepsilon^2 \times N), \varepsilon \in (0,1)$ 概率,均匀或随机地被选出,从而产生样本数据集,其中 ε 控制样本的大小,N 是数据集 $R \cup S$ 中的对象个数。

非均匀随机采样:当数据集 R 和 S 服从不同的分布时,即 R 和 S 是异构数据分布,采用非均匀随机采样。在这种采样方法中,对数据集 R 和 S 分别执行简单随机采样,从而产生两个不同的小样本数据集 R' 和 S',即样本集 R' 和 S' 是分别从 R 和 S 数据集中执行简单随机采样而生成的。同样地,数据集 R 或 S 中的对象根据 $P = 1/(\varepsilon^2 \times N), \varepsilon \in (0,1)$ 概率被选出,其中 ε 控制样本的大小,N 是数据集 R 或者 S 中的对象个数。

分层采样:当数据集 R 和 S 的分布无法获取时,将使用分层采样法从原始输入数据集中抽取样本数据。样本数据集 R' 和 S' 是分别从 R 和 S 中提取,首先将数据集 R 和 S 划分成多个互不相交的层,然后在每一层中按相同数量(即 $\varepsilon^2 \times N$)来提取对象。其中,N 是数据集 R 或 S 的对象个数,ε 是 0 到 1 之间的随机数(即 $\varepsilon \in (0,1)$)。

3. 获取分区边界

kNN−DP 的第一个 MapReduce 作业以样本数据集作为输入数据,并将样本集按照 Balance_R 策略划分为 n 组,然后通过动态调整分区边界,使得 n 组数据上的 kNN−join 时间复杂度基本平衡。算法5.7描述了该 MapReduce 作业的伪代码,主要执行样本数据集的数据划分和动态调整分区边界两个任务。特别地,算法 5.7 的第 21 行采用动态调整分区边界的方法获得优化的分区边界(也可参见算法 5.8)。

Algorithm 5.7 Computing Data-Partition Boundaries

Input: R', S'; // Two sampling datasets

Output: Boundary values;

1) function MAP(key offset, values $R' \cup S'$)

2)   for all($o \in R' \cup S'$) do

3)   o. value←charact(o); // compute o's character value

4)   if($o \in R'$) then // o is an object in set R'

5)   o. flag=Flag R; //o. flag indicates object o in R'

6)   else

7)   o. flag=Flag S; //o. flag indicates object o in S'

8)   end if

9)   *object*←o;

10)   emit(*object*, (o. value, o. flag));

11)   end for

12) end function

13) function REDUCE(key *object*, values(o. value, o. flag))

14)   BoundarySet ←sort(R'); // sort dataset R'

15)   Boundary[n] ←get(BoundarySet);

16)   for(i=1; i<n; i++) do //n is the number of partitions

17)   Calculate the sizes $|R'|$ and $|S'|$ of R' and S' in i-th range;

18)   if($|\dfrac{O(|R_i| \times \log_2 |S_i|) - O_{best}}{O_{best}}| \leqslant T$)then //see Formula 5 – 8

19)   Boundary[i]=Optimizing_Boundary(Boundary[i]);

20)   else

21)   emit(i, Boundary[i]_S);

22)   end if

23)　　end for

24）end function

第一个作业的 mapper 函数主要实现多维数据集的特征提取,具体通过计算两个对象之间的距离来实现。采用函数 charact(o)将多维数据对象表示成一维特征值,charact(o)可看成一个接口,能采用多种方式而实现。我们采用局部敏感哈希策略 LSH 和空间填充曲线策略 z-value 实现了 charact(o)函数。LSH 和 z-value 是计算并行 kNN-join 的经典方法,将其同 kNN-DP 无缝集成,新的策略被记作 LSH＋和 z-value＋。

LSH＋:是 kNN-DP 同基于 LSH 的 kNN-join 方法集成之后的新策略。在 LSH 策略中,样本数据集 R' 和 S' 中的每个对象被哈希函数表示为哈希代码(即一维哈希值)。然后,一些具有相近哈希值的对象被放置到同一个桶中,这些桶在本章表示数据的分区。相近哈希值可以用一个哈希值范围来量化,这个范围的边界可由 kNN-DP 调整,用于平衡各桶之间的计算负载。

z-value＋:是 kNN-DP 同基于 z-value 的 kNN-join 方法集成之后的新策略。z-value 是空间填充曲线中的 z 曲线,它能将样本集 R' 或 S' 中多维对象映射为一维 z 值。所有的 z 值根据 Balance_R 策略划分为 n 个分区,而 kNN-DP 被用于平衡 n 个分区的 kNN-join 时间复杂度。

第一个作业中,reducer 的主要目标是调整 mapper 函数划分的分区边界,使其接近最优。通过分区调整,努力平衡各分区中 kNN-join 的运行时间复杂度,确保所有分区具有近似的运行时间。reducer 函数通过以下三个步骤完成分区边界的调整。首先,样本数据集 R' 按非递减顺序排序,这由上述 mapper 函数实现,并根据 Balance_R 策略获取初始的分区边界(参见算法 5.7 中第 16、17 行)。然后,采用时间复杂度来估计每个分区的 kNN-join 运行时间(参见算法 5.7 中第 19 行)。最后,将所有分区的时间复杂度同理想情况下的时间复杂度进行比较,并通过给定的数据倾斜因子阈值判断分区是否存在数据倾斜。比较的结果被用作分区中数据对象动态调整的依据,即通过动态分区边界调整策略来平衡分区负载(参见算法 5.7 中第 20~24 行)。

4. 动态调整分区边界

回顾算法 5.7 中第 17 行的描述,在获得分区边界的初始值之后,依旧存在数据不平衡问题。本小节提出了一种确定最优边界的算法,缓解了数据分区间的不平衡负载。算法 5.8 详细描述了优化边界的伪代码,它由以下三个步骤组成。

Algorithm 5.8 Optimizing_Boundary( )

Input:$|R'|$,$|S'|$,boundary_values; // boundary_values is a initial boundary value:

Output:boundary[]; //boundary[] is an optimized boundary-value array

1) Boundary[n]←Boundary_values;

2) for(i=1,j=0;i+j<n;i++)do // n is the number of partitions.

3) $|R'|$,$|S'|$←count(Boundary[i−1],Boundary[i]);

4) while($\dfrac{O(|R_i| \times \log_2|S_i|) - O_{\text{best}}}{O_{\text{best}}} < -T$) do

5) Boundary[i]=Boundary[i+j]; // Merging partitions and adjusting boundary

6) j++;

7) $|R'|$,$|S'|$←count(Boundary[i−1],Boundary[i]); // Recalculating $|R'|$ and $|S'|$.

8) end while

9) if($\dfrac{O(|R_i| \times \log_2|S_i|) - O_{\text{best}}}{O_{\text{best}}} > T$)then //see Formula(5.6)

10) Best ←Binary−Search(Boundary[i−1],Boundary[i]);

11) Boundary[i] ←Best; // Obtain the i-th optimized boundary.

12)　end if

13)　output(Boundary[i]);

14)end for

step 1. 统计第 i 个分区上样本集 R' 和 S' 中对象的个数(参见算法 5.8 第 5 行),其中 $|R'|$ 和 $|S'|$ 分别表示样本集 R' 和 S' 中的对象个数。

step 2. 当一个分区的时间复杂度小于理想情况下的复杂度时,这一分区将同相邻的另一个分区合并,直到合并后分区的数据倾斜因子大于用户设定的阈值为止。基于此,一个小的分区能被扩展成一个大的分区。

step 3. 在一个大的分区中,采用折半查找的方法获取优化分区的下边界。在 step 3 完成后,可得到初始的上边界和优化后的下边界,形成一个优化的新分区。新分区的时间复杂度接近于理想情况下的时间复杂度(参见算法 5.8 第 11~14 行)。

5. 划分数据与计算 kNN-join

第二个 MapReduce 作业有两个任务,任务之一是根据第一个 MapReduce 作业获得的分区边界来划分原始数据;任务之二是在 Hadoop 集群上并行执行 kNN-join 操作。算法 5.9 描述了第二个作业的伪代码,具体包括以下五个步骤。

step 1. 计算数据集 R 和 S 中每个对象的特征值,这些特征值可用于比较对象之间的相似性(参见算法 5.9 中第 5 行)。

Algorithm 5.9　Data Partitioning and kNN-join Computing

Input:R,S,and Boundary[n];

Output：　*kNNSet*;

1)function MAP(key *offset*,values $R' \bigcup S'$)

2)　for all(o $\in$ R$\bigcup$S)　do

3)　　o. value←charact(o);　　// Compute character value of o.

4)　　　for(i=1; i<n; i++)do   // n is the number of partitions.

5)　　　　if(Boundary[i−1]⩽o. value⩽Boundary [i])   then

6)　　　　　emit(i,(o. value,o. flag));   // o is placed in thei-th partition

7)　　　　　　if(o. flag=Flag_S)   then

8)　　　　　　　Array _S[i]←o. value;

9)　　　　　　end if

10)　　　　end if

11)　　　end for

12)　　end for

13)　　for(i=1; i<n−1; i++)   do

14)　　sort(Array_S[i]);

15)　　$RedundantMin$←k minimum value in Array_S[i];

16)　　　emit (i − 1, ($RedundantMin.$ value, $RedundantMin.$ flag));

17)　　$RedundantMax$←k maximum value in Array_S[i];

18)　　　emit (i + 1, ($RedundantMax.$ value; $RedundantMax.$ flag));

19)　　end for

20)end function

21)function REDUCE(key parationID,values object)

22)　parse R_i and S_i(S_{i1}, S_{i2},. . .,S_{im})from($parationID$,$object$);

23)　for all(o∈R_i)do

24)　　for(j=1; j<m; j++)do   // m is the number of objects in S_i.

25)　　　Dis[j]←distance(o. value,S_{ij}); // calculate distance

26)　　end for

27)　　　kNN(o,S)←get(Dis[ ])；　// Get k minimum value

28)　　　emit(o,kNN(o,S))；

29)　　end for

30)end function

step 2. 根据第一个 MapReduce 作业所确定的分区边界(参见算法 5.7 的输出),将每个数据对象划分到特定分区。在这一步,分区标识符连同每个分区中的对象列表一起传递给 reducer 函数(参见算法 5.9 中第 6～13 行)。

step 3. 利用局部 kNN-join 结果近似地描述全局的 kNN-join 结果。为了提高 kNN-join 近似解的准确性,在每个分区的 S 集中增加了少量冗余对象,即在每个分区的 S 集头部和尾部添加少量冗余数据。具体而言,将包含在 $i-1$ 分区的最后 k 个对象添加到第 i 分区的头部;将包含在 $i+1$ 分区的前 k 个对象添加到第 i 分区的尾部。因此,第一个和最后一个分区的 S 集中增加了 k 个冗余对象,其它分区增加了 $2k$ 个冗余对象(参见算法 5.9 中第 15～21 行)。

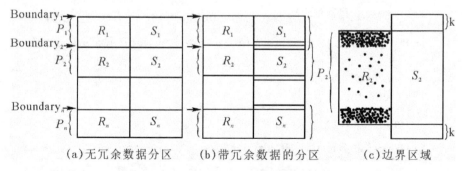

(a)无冗余数据分区　　(b)带冗余数据的分区　　(c)边界区域

图 5.10　带有冗余数据的数据划分示例

图 5.10 图解了一个增加冗余对象的例子,在基于 MapReduce 的 kNN-join 计算中,通过扩展每个分区的头数据和尾数据来提高 kNN-join 的准确性。图 5.10(a)是无冗余数据的分区,而图 5.10(b)是带有冗余数据的分区。除了第一个和最后一个分区,其余分区的 S 数据集(例如

S_2 分区)的头部和尾部包括了共 $2k$ 个冗余对象。R 数据集中,位于分区顶部或底部边界区域的对象,可通过增加的冗余对象来提高 kNN-join 的准确性(见图 5.10(c))。如果分区中的大量对象(例如,R_2 分区)位于分区的两个边界区域中,那么这些对象的 k 个最近邻居可能存储在相邻分区中,而不是自身的本地分区。该问题可以通过在分区的头部和尾部增加冗余对象来解决,从而提高 kNN-join 的准确性。

准确性的提高与数据集的分布特征密切相关,下面通过两个极端情况,来揭示冗余数据对近邻准确性的影响。第一种极端情况是,如果一个分区中的所有对象都远离两个分区的边界(即这些对象的邻居不会出现在冗余数据中),那么冗余数据对 kNN-join 算法的准确性没有任何影响。第二种极端情况是,当一个分区的大部分对象坐落在该分区的边界区域(即大部分对象的 k 近邻有可能出现在冗余数据中),那么冗余数据能使 kNN-join 的准确性得到明显提高。图 5.10(c)显示了第二种极端情况的一个实例。在这一实例中,R_2 分区中的数据分布不均衡,大多数对象是位于该分区的边界处。如果只有少数对象被映射到分区边界处,那么冗余数据对准确性的改善不明显。

冗余数据策略在改善准确性的同时,也会带来额外的空间及时间开销,其中空间开销是显而易见的,即每个分区增加 $2k$ 个数据对象。而冗余数据的时间开销同样取决于 k 值,在本章中 k 值根据经验将其设为 $\sqrt{|S|}$。通过与无冗余数据的时间复杂度相比较,可以量化冗余数据策略的额外开销。无冗余数据的时间复杂度为 $TC\_w/o = O(|R_i| \times \log_2 |S_i|)$,而有冗余数据的时间复杂度为 $TC\_with = O(|R_i| \times \log_2(|S_i| + 2 \times k))$。现假定第 i 个分区中 $|R_i| = 10^6$,$|S_i| = 10^6$,$k = \sqrt{|S|} = 10^3$,将这些值代入上述的两个时间复杂度公式中,很容易得到 $TC\_w/o = 19\,931\,600$,$TC\_with = 19\,934\,500$,这意味着冗余数据策略仅带来 0.0145% 的额外开销,这一开销是微不足道的,可以忽略不计。

step 4. 函数 $distance(o.value, S_{ij})$ 用来计算 R 集中对象 o 同 S 集中所有对象之间的距离（参见算法 5.9 中第 $25 \sim 28$ 行），其结果存储在数组 $Dis[m]$ 中。对于 $r \in R$ 和 $s \in S$，使用 r 和 s 的一维特征值之间的差额来测量对象 r 与 s 之间的距离。两个对象之间的距离或相似性也可以采用欧氏距离或其它类型的距离公式来计算，关于距离度量方法的选择很大程度上取决于应用领域。例如，如果测量两个集合之间的相似性，那么可应用笛卡尔距离来实现函数 $distance(o.value, S_{ij})$；如果计算两个序列之间的相似性，那么可采用海明距离；欧氏距离可用于测量两个向量之间的相似性。

step 5. 最后一步是从距离数组 $Dis[m]$ 中选出最小的 k 个值，其对应的数据对象就是近似的 k 个最近邻（见算法 5.9 中第 29 行）。

5.2.5 实验评价

在 24 个节点的 Hadoop 集群上，实现和评价 kNN-DP 的性能。集群中的每个计算节点硬件环境为：英特尔 E5－1620 V2 系列 3.7G 四核处理器、16GB 内存；软件环境为：Centos 6.4 操作系统，Hadoop 1.1.2 集群环境，Java JDK 1.6.0_24 开发工具。采用默认的 Hadoop 配置参数来设置数据副本数量以及 Map 的任务数量。

采用人工合成和真实的天体光谱数据作为实验数据集，在 Hadoop 集群环境下来评估 kNN-DP 的性能。

（1）人工合成数据集。采用如下两个步骤来创建合成数据集。第一，运行一个随机数据生成器来创建一组小数据集。第二，合并第一步中生成的小数据集，从而生成大数据集。总共产生了两种类型的合成数据集，即均匀分布数据集和正态分布数据集，每个数据集包括 200 个属性；数据大小分别为 8GB、16GB、24GB 以及 32GB。第一组数据服从均匀分布，第二组数据服从正态分布。每个数据集被等量划分为 R 集和 S 集，即 R 和 S 集中包含相同数量的对象。这些数据集的详细信息见表 5－4。

表 5 - 4　人工数据集

Dataset size	8GB	16GB	24GB	32GB
R 集中对象数($\times 10^7$)	1.28	2.56	3.84	5.12
S 集中对象数($\times 10^7$)	1.28	2.56	3.84	5.12
属性个数	200	200	200	200

(2)真实数据集。实验中所涉及的真实数据集为天体光谱数据,其中每条天体光谱中包含 90 个属性,数据集大小分别为 8GB、16GB 和 24GB。

在实验中,将 kNN-DP 数据划分方法集成在已有的并行 kNN-join 算法中。在本章涉及到的传统并行 kNN-join 算法主要有两个,其一是局部敏感哈希策略 LSH,其二是空间填充曲线中的 z 曲线,即基于 z 曲线的策略 z-value。将 kNN-DP 同上述两种策略集成之后,形成新的算法,分别称为 LSH＋和 z-value＋,并同传统算法进行性能比较。在实验中,人工合成数据由于事先知道数据的分布特征,因而采样的时候选用了简单随机采样法,而对于天体光谱数据集选用区间采样法。

1. 样本大小的影响

在数据预处理过程中,抽取一组样本数据来捕获输入数据集的分布。在这组实验中,通过改变样本大小来评估 kNN-DP 的效率(见图 5.11)。请注意,本节实验采用样本数据集与原始数据集大小之间的比率来间接描述样本集的大小。

图 5.11(a)(c)分别显示了基于 MapReduce 的 kNN-join 算法两阶段的执行时间,第一阶段(即 phase1)是在一个小样本数据集上优化分区边界,第二阶段(即 phase2)是采用优化的分区边界划分原始数据并执行 kNN-join 操作。图 5.11(a)(c)显示出 LSH＋和 z-value＋策略在第一阶段的运行时间比 LSH 和 z-value 更长,其原因是 LSH＋和 z-value＋策略中集成了 kNN-DP 的动态调整分区边界操作。重要的是,基于 LSH＋和 z-value＋策略的总体性能要明显优于 LSH 和 z-value。这些结果表明,本

章提出的 kNN-DP 能有效地缓解数据偏斜,提高 kNN-join 算法的性能。图 5.11(a)(c)显示的第二个现象是,当样本大小在 1%~2%的范围内时,所有策略执行时间都最少。也就是说,小于 1%的小样本和大于 2%的大样本都倾向于恶化 kNN-join 的性能。这是因为太小样本数据集不能准确估计输入数据的分布,而大样本数据集会导致较高的采样开销。

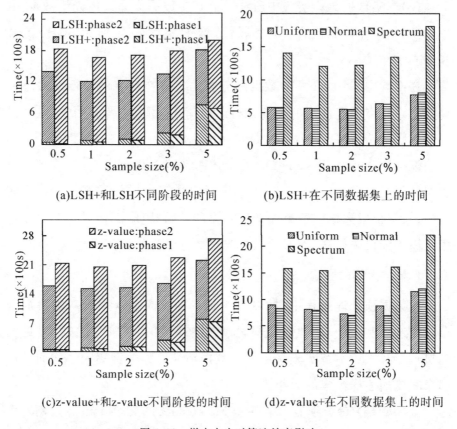

(a)LSH+和LSH不同阶段的时间   (b)LSH+在不同数据集上的时间

(c)z-value+和z-value不同阶段的时间   (d)z-value+在不同数据集上的时间

图 5.11   样本大小对算法效率影响

图 5.11(b)(d)的实验结果表明对于天体光谱数据集,1%的采样比例为最佳样本比例,Uniform 和 Normal 数据集下,2%的采样比例是更理想的。这一结果表明,在样本大小和数据特征之间存在较强的相关性。通过这组实验可以认为,样本大小设置在 1%~2%之间是一个合理的选择。

2. 参数 k 的影响

第二组实验分析参数 k 对 LSH＋和 z-value＋算法性能的影响。图 5.12 给出了参数 k 在 50～250 的范围内,基准策略(即 LSH 和 z-value)与集成 kNN-DP 策略(即 LSH＋和 z-value＋)的执行时间。在这组实验中,采用 24GB 的数据集,样本大小设定为 2%。参数 k 从 50 变化到 250 时,kNN-join 算法第一阶段的执行时间保持不变。实验结果表明,无论参数 k 取何值,LSH＋和 z-value＋算法始终优于 LSH 和 z-value 算法。LSH＋和 z-value＋算法性能的提高主要归功于 kNN-DP 技术,它通过平衡各个分区上的负载,缓解了集群中的数据倾斜问题,减少了负载最重节点的执行时间,从而提高了整个集群的运行效率。

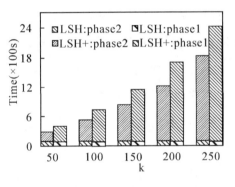

(a)LSH+和LSH不同阶段的时间   (b)LSH+在不同数据集上的时间

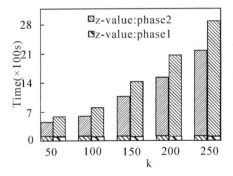
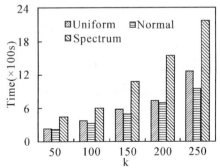

(c)z-value+和z-value不同阶段的时间   (d)z-value+在不同数据集上的时间

图 5.12 参数 k 对算法效率影响

图 5.12 的实验结果表明随着参数 k 的增大，kNN-join 运行时间迅速增加。因此，在参数 k 是一个大值的情况下，kNN-DP 集成到 kNN-join 算法中将更有意义，能显著优化其计算性能。

3. 数据倾斜因子阈值的影响

数据倾斜因子及其阈值被用来测量各分区数据的倾斜水平。在这组实验中，主要评价数据倾斜因子阈值 T 对 kNN-DP（即，LSH＋和 z-value＋）的敏感性。

图 5.13 显示了算法 LSH＋和 z-value＋在计算 kNN-join 时的效率。特别地，当数据倾斜因子阈值 T 从 0.005 增加到 0.02 的时候，LSH＋和 z-value＋的执行时间明显下降。这充分体现出一个大的数据倾斜因子阈值能快速获取数据分区边界，进而缩短 kNN-join 的运行时间。但是，当 T 继续增加时，这一性能优化将被打破，可从图 5.13 中看出。具体而言，当数据倾斜因子阈值 T 从 0.03 变化到 0.05 时，kNN-join 的执行时间会迅速增加。这种性能下降的原因是太大的阈值 T 获取了较差的分区边界值，导致了计算节点的负载不均衡。因此，存在至少一个耗时节点，影响了整个集群的性能。

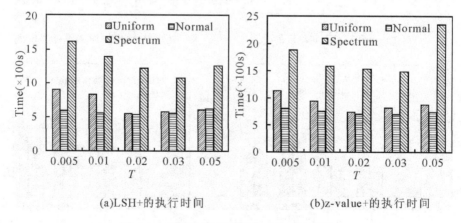

(a)LSH+的执行时间　　(b)z-value+的执行时间

图 5.13　数据倾斜因子阈值对算法效率影响

图 5.13(a)显示当数据倾斜因子阈值被设置为 0.02 时（即 $T=$

0.02),Uniform 和 Normal 数据集执行时间最短;当 $T=0.03$ 时,天体光谱数据集的执行时间最短。这一性能趋势表明,数据倾斜因子阈值应根据数据集的分布特征进行调整。

4. 数据集的伸缩性

在这组实验中,通过增加数据集的大小来评估 kNN-DP 的可扩展性,其目的是在大数据集上测试 kNN-DP 的性能。

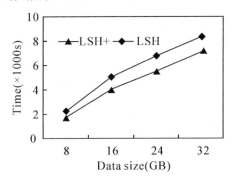

(a)均匀数据的执行时间

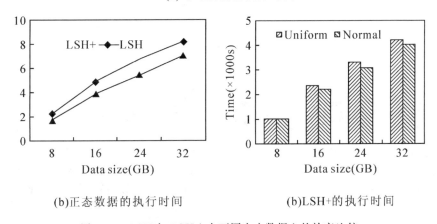

(b)正态数据的执行时间 (b)LSH+的执行时间

图 5.14 LSH 与 LSH+在不同大小数据上的效率比较

图 5.14 显示了在不同数据集大小下的 LSH+ 和 LSH 的运行时间。图 5.14(a)(b)表明,当增大数据集时,kNN-join 的运行时间持续增加。其原因是由于随着数据集 R 和 S 大小的增加,包含在数据集中

的对象(即 object-pairs)数量也显著增加,kNN-join 的时间复杂度(O $(|R|\times\log_2|S|)$))将更高。

此外,LSH＋比 LSH 提供了更好的性能。LSH＋利用 kNN-DP 数据划分策略确保所有计算节点的处理时间基本平衡,从而有效降低个别计算节点承受重负荷的概率,从而减少整个集群的运行时间。随着对象数量的增加,kNN-join 算法时间复杂度逐渐增高,LSH 策略中个别节点将承受更重的负载,因而 LSH＋的性能优势更加明显,充分说明 LSH＋更适用于大数据。

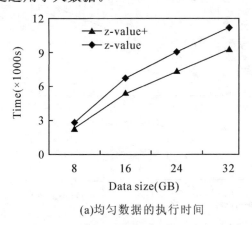

(a)均匀数据的执行时间

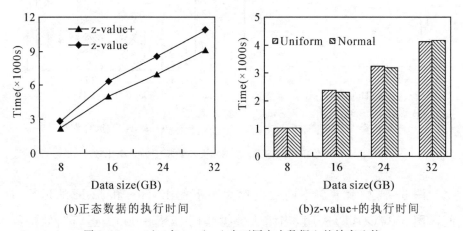

(b)正态数据的执行时间　　　　(b)z-value+的执行时间

图 5.15　z-value 与 z-value＋在不同大小数据上的效率比较

图 5.14(c)描述了不同大小数据集上的 LSH＋算法时间比。选择 8GB 数据集的 LSH＋运行时间作为基准,然后计算相关比例。也就是说 8GB 数据集的时间比为 1,其余数据集的时间比为该数据集的处理时间与基准之间的比率。时间比能直观显示 LSH＋算法在数据集大小上的扩展性。实验结果显示,Uniform 和 Normal 数据集共享一个相似的时间比,表明 LSH＋在这两个数据集上有较轻的负载。但时间比略高于数据集大小之间的比例,其原因是中间结果在节点之间传输产生了少量的 I/O 代价。

与上述实验保持相同的参数设置,分别对 z-value＋和 z-value 算法进行了实验,通过比较 z-value＋和 z-value 的运行时间,进一步分析 kNN-DP 在数据大小方面的扩展性。图 5.15 显示了同图 5.14 相似的趋势,可以说明 kNN-DP 不仅能改善 LSH 的性能,而且也能提高 z-value 算法的效率。

5. 集群的扩展性

为评估 kNN-DP 在集群规模上的扩展性能,在不同节点个数的集群上对基于 kNN-DP 的 kNN-join 策略与传统并行 kNN-join 策略进行了比较,图 5.16 和图 5.17 显示了实验结果。

图 5.16(a)(b)(c)显示,当集群中计算节点数量增加时,LSH＋算法同 LSH 相比,在三种数据集中都显示出越来越好的优化效果。由于计算节点数量的增加,分配给每个节点的对象个数明显减少。因此,理想情况下的 kNN-join 的时间复杂度变低;但是,最坏情况的时间复杂度保持不变。LSH＋算法由于采用了 kNN-DP 划分数据,使得其时间复杂度接近 O_{best},因而 LSH＋的性能改善会随着节点数的增加而更加明显。根据这一趋势,在不同规模的集群环境中,LSH＋的性能总是优于 LSH 算法。

图 5.16(d)显示了在各种数据集中 LSH＋算法的加速比。对于三

个不同的数据集（即 Uniform，Normal 和 celestial spectral dataset），LSH＋在集群规模上实现了线性加速。其原因是，相对于繁重的工作负载，LSH＋拥有较低的 I/O 开销。这一性能趋势表明，LSH＋呈现出高扩展性，是一个优化的并行 kNN-join 算法。该结论建立在两个因素之上。首先，LSH＋应用 kNN-DP 划分数据，提高了 LSH 的并行计算性能。其次，所有节点独立地从本地数据对象中并行执行 kNN-join，分配给每个节点的对象个数与节点数成反比，因此扩大集群规模将会减少单个节点上的对象数量，从而缩短 LSH＋的总运行时间，优化 kNN-join 的性能。如果随着计算节点个数的增加而加大分区数量，则可进一步提高LSH＋的集群规模扩展性。

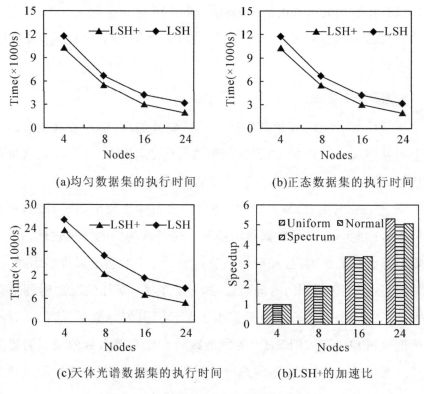

图 5.16　LSH 与 LSH＋的集群扩展性比较

与上述实验保持相同的参数设置,分别对 z-value＋和 z-value 算法进行了实验,比较了 z-value＋和 z-value 算法的集群规模扩展性。实验结果显示在图 5.17 中,获得了同图 5.16 类似的现象。这一结果说明,kNN-DP 集成在 z-value 算法中,明显提高了 k 近邻连接的效率,同时也保持了较高的集群扩展性。

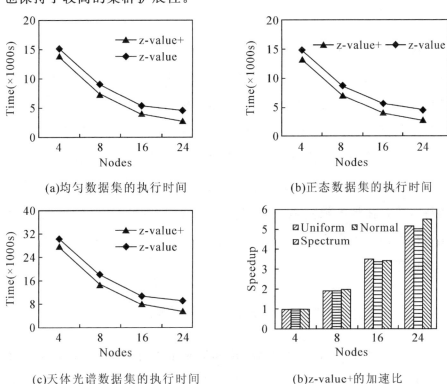

(a)均匀数据集的执行时间

(b)正态数据集的执行时间

(c)天体光谱数据集的执行时间

(b)z-value+的加速比

图 5.17　z-value 与 z-value＋的集群扩展性比较

第6章 海量高维离群数据挖掘应用

离群数据检测属于数据挖掘的一个重要分支,其目的是从大量的数据集中发现极少数与主流数据存在显著区别的数据,即离群点或异常点。这些背离正常的数据,可能正是某种规律的真实反映,而且往往比正常数据更有价值,已经广泛应用在许多领域。比如,偏离正常的地质活动可能是地震或海啸的前兆;异乎寻常的气象数据或许预示着极端的天气,异常的网络传输行为可能预示着黑客或病毒的攻击,一个远离持卡人常住地的消费地点、消费金额和消费项目极有可能预示着信用卡被盗用。本章重点介绍离群数据挖掘技术在天体光谱、智能制造中的应用。

6.1 天体光谱离群数据挖掘系统设计与实现

天体光谱是天体电子波辐射按照波长的有序排列,蕴含着天体重要的物理信息。天文学家通过分析天体光谱信息,不仅可以研究宇宙中物质的分布特征,还可以研究天体的形成和随时间演化等一系列科学重大问题。随着科技手段的高速发展,天体光谱的采集量急剧膨胀,从海量的天体光谱中提取各种有用的信息和知识,仅仅依靠人工手段已经无法解决,采用计算机智能处理天体光谱提上日程。天体光谱中存在大量未知的天体,这样一些天体相对于已知天体是一种特异数据或者是离群数据,如何从海量的天体光谱数据中挖掘这些未知天体,是天体光谱数据处理的一个关键性问题。对于未知天体数据的识别,样本属于各个类别的不确定性程度,表达了样本类属的中介性,实际应用中只有建立样本对于类别的不确定性的描述,才能更客观地反映现实世界,而单纯采用硬划分的方法来处理数据存在较大的误判率。

6.1.1 天体光谱分析及 LAMOST 望远镜简介

天体光谱分析(astronomical spectral analysis)是应用光谱学的原理和实验方法用于天体光谱,以确定天体的物质结构、性质和化学组成成分的分析方法。天体光谱分析一般有两种:①定性分析。用来确定天体的化学成分。首先测定谱线的波长。在拍摄天体光谱后,挡住用来拍摄天体光谱的那部分狭缝,将已知谱线波长的光源投在狭缝的其他部分上,拍摄比较光谱(常是铁弧光谱)。用仪器将天体谱线波长和地球上已知元素的谱线波长作比较,或者应用按原子结构和光谱理论计算的谱线表,证认出产生天体谱线的元素。②定量分析。每种元素的谱线强度,与它们在物质中的含量有关,所以通过对谱线强度的比较,可以确定物质中各元素的含量。对于天体,目前只能取到月球上的物质样品,在实验室中进行定量分析。至于恒星(包括太阳)光谱的定量分析,有两种方法:一是测定一些谱线的等值宽度,作出观测的生长曲线,与理论计算比较;二是根据某种谱线形成的机理,假设一些物理参数,计算出理论轮廓,再同观测轮廓比较。这两种方法不仅能得到形成该谱线元素的原子数,而且能得到恒星大气中的温度、湍流速度和压力等参数。

恒星光谱的形态决定于恒星的物理性质、化学成分和运动状态。光谱中包含着关于恒星各种特性的最丰富的信息。迄今关于恒星本质的知识,几乎都是从光谱研究中得到的。恒星光谱的研究内容异常广泛,但从观测角度来看,主要有三条途径。第一是证认谱线和确定元素的丰度。第二是测量多普勒效应引起的谱线位移和变宽(见谱线的形成和致宽),由此来研究天体的运动状态和谱线生成区。第三是测量恒星光谱中能量随波长的变化,包括连续谱能量分布、谱线轮廓和等值宽度等。这些特性同恒星大气中的温度、压力、运动、电磁过程以及辐射转移过程有关,是恒星大气理论的主要观测依据。谱线证认:一般可根据基尔霍夫定律将恒星光谱同实验室光谱直接比较后确定产生谱线的化学成分。恒星的谱线无法在实验室中获得时,只有通过对原子和分子结构的深入分析,才能完成证认。在恒星光谱中已证认出元素周期表中 90%左右的天然元素,但还有一些恒星谱线至今没有证认出来。元素丰度:即元素的相对含量,是在证认的基础上根据谱线相对强度或轮廓推算出来的。结果表明,绝大多数恒星的元素丰度基本相同;氢最丰富,按质量计约占 71%;氦次之,约占 27%;其余元素约合占 2%。这称为正常丰度。在许多亮星的高色散光谱中,发现有星际物质中的中性钠、钾、铁、钙和电离钛、电离钙以及其他分子的谱线。许多星际谱线是多重的,说明星光经过了好几个具有不同速度的气体云。星际尘粒对星光的影响主要是散射,这种效应对蓝光较强,对红光较弱,因而较远的星显得较红,这称为星际红化。通过对红化的测量,可以估计尘粒的直径。将红化效应同恒星光谱现已投入运行的国家重大工程 LAMOST 望远镜(大天区面积多目标光纤光谱望远镜)产生了大量的光谱数据。面对这些海量数据的分析,人工手动处理已远远满足不了需求,开发光谱的自动处理、测量及自动分析就摆到了我们面前。本节涉及的应用就是在 LAMOST 的项目背景下完成的。

大天区面积多目标光纤光谱天文望远镜(LAMOST)是一架视场为 5°横卧于南北方向的中星仪式反射施密特望远镜,它的光学系统包括:5.72m×4.4m 的反射施密特改正镜 MA(由 24 块六角形平面子镜拼接而成),6.67m×6.05m 的球面主镜 MB(由 37 块球面子镜拼接而成)和焦面三个部分。其中 MA 在观测天体的过程中随着时间的改变可实时地变化成需要的非球面面形。应用主动光学技术控制反射改正板,使它成为大口径兼大视场光学望远镜的世界之最。由于它的大口径,在曝光 1.5 小时内可以观测到暗达 20.5 等的天体。而由于它的大视场,在焦面上可以放置四千根光纤,将遥远天体的光分别传输到多台光谱仪中,同时获得它们的光谱,成为世界上光谱获取率最高的望远镜。它将安放在国家天文台兴隆观测站。项目投资 2.35 亿元。它将成为我国天文学在大规模光学光谱观测中,在大视场天文学研究上,居于国际领先的地位。

在技术上,LAMOST 在其反射施密特改正镜上同时采用了薄镜面主动光学和拼接镜面主动光学技术,以其新颖的构思和巧妙的设计实现了在世界上光学望远镜大视场同时兼备大口径的突破。并行可控式光纤定位技术解决了同时精确定位 4 000 个观测目标的难题,也是一项国际领先的技术创新。LAMOST 在口径、视场和光纤数目三者结合上超过了国际上目前已经完成或正在进行中的大视场多天体光谱巡天计划,其科学目标集中在河外星系的观测,银河系结构和演化,以及多波段目标证认三个方面。它对近千万个星系、类星体等河外天体的光谱观测,将在宇宙学模型、宇宙大尺度结构、星系形成和演化等研究上做出重大贡献。对大量恒星的光谱巡天将在银河系结构与演化及恒星物理的研究上做出重大贡献。结合红外、射电、X 射线、伽马射线巡天的大量天体的光谱观测将在各类天体多波段交叉证认上做出重大贡献。

LAMOST 望远镜最突出的特点是大口径(4m)兼大视场(5°),以及 4 000 根光纤组成地超大规模光谱观测系统。与国际上同类型的巡天项目,比如美国斯隆数字巡天计划(SDSS)和澳大利亚英澳天文台 2dF 巡天相比,LAMOST 无论在望远镜口径上还是观测效率上都有极大的飞跃。LAMOST 望远镜由 8 个子系统组成,分别是光学系统、主动光学和支撑系统、机架和跟踪系统、望远镜控制系统、焦面仪器、圆顶、观测控制和数据处理系统、输入星表和巡天战略。光学系统由在南端的球面主镜 MB、在北端的反射施密特改正镜 MA 构成,焦面在中间。光轴南高北低，以适应台址纬度，扩大观测天区。球面主镜 MB 大小为 6.5m×6m，由 37 块 1.1m 对角径的六角形球面镜拼接而成。反射施密特改正镜 MA 大小为 5.7m×4.4m，由 24 块对角径 1.1m 的六角形主动非球面镜拼接而成。球面主镜 MB 是固定的，对天体的指向跟踪运动完全由 MA 担任。作为定天镜的 MA 采用地平式机架，其指向和跟踪由方位和高度两个方向旋转实现。望远镜在天体经过中天前后进行观测。

LAMOST 望远镜安放在国家天文台兴隆观测站，作为国家设备，向全国天文界开放，并积极开展国际合作。LAMOST 将使中国天文学在大规模光学光谱观测中，在大视场天文学研究上，居于国际领先的地位。LAMOST 在大规模天文光谱巡天过程中将能得到 107 条左右的星系光谱，以及不少于此数目的恒星光谱，从而形成一个巨大天文信息的存储库，它既是研究基础，又引导研究，可以在此基础上让天文学家做很多研究工作。

6.1.2 系统的软件体系结构及功能

天体光谱中存在大量未知的天体，这样一些天体相对于已知天体是一种特异数据或者是离群数据，如何从海量的天体光谱数据中挖掘这些未知天体，是天体光谱数据处理的一个关键性问题。天体光谱离群数据挖掘系统的主要目的是在海量天体光谱数据中，通过大范围的、彻底的、无偏差的多波段的探测，找到奇异天体光谱数据，以期能发现某些特殊、未知天体。天体光谱数据是海量高维数据，数值变化范围非常大，直接运算效率很低，同时某些非数值型数据无法直接参加运算，所以系统首先要对天体光谱数据进行预处理，使其适应数据挖掘的要求，为天体光谱离群数据挖掘提供基础。数据预处理主要采用归一化技术，归一化是一种无量纲处理手段，使物理系统数值的绝对值变成某种相对值关系。离群数据挖掘采用的是基于聚类的方法，如何提高该部分的运算速度直接影响整个系统的运行效率,为了能够高效、准确地处理海量高维数据,系统中采用一种新的聚类算法——DB-HDLO 算法。之后可以在聚类的基础上进行离群数据挖掘。该方法能够根据天文学家的不同要求发现离群数据,系统通过对一定约束条件的修改实现了这一功能。数据挖掘的结果表示是另一个值得关心的问题,为了实现这一功能,通过主分量分析法(PCA)进行降维,将高维天体光谱数据映射到三维空间,并将结果可视化输出。

　　天体光谱离群数据挖掘系统,主要包括数据预处理、聚类、离群数据挖掘已经可视化输出等功能模块,在数据预处理中采用中值滤波器对天体光谱进行归一化处理,以满足离群挖掘的要求;聚类模块中采用第 2 章中介绍的基于距离的高维数据聚类方法对天体光谱进行聚类处理,将天体光谱划分到不同的中心点组中;在离群数据挖掘模块中,通过设定距离支持度阈值来确定离群数据的判断条件;最后通过可视化输出模块将天体光谱数据以图形方式显示给用户,详细的天体光谱离群挖掘系统的功能模块图如图 6.1 所示。

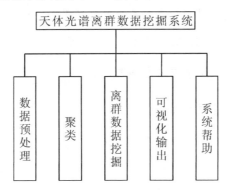

图 6.1　天体光谱离群挖掘系统功能模块图

　　如图 6.2 所示,该图是天体光谱离群挖掘系统的软件体系结构。先通过用户接口接收归一化参数的输入,最后也通过用户接口输出离群天体光谱。而原始光谱数据经归一化处理后,转换为满足聚类和离群挖掘需要的归一化数据,最后通过第 2 章中基于距离的高维聚类离群数据挖掘方法处理,发现离群天体光谱数据,将结果降维,生成可视化最终结果。

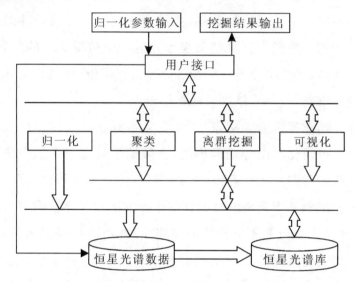

图 6.2　天体光谱离群数据挖掘系统的软件体系结构

基于上述功能和其软件体系结构,本节采用 VC＋＋6.0 和 Oracle9i,设计与实现了天体光谱离群数据挖掘系统。

6.1.3　系统的运行结果及分析

1. 天体光谱数据预处理

对于数字信号处理而言,预处理是最关键的问题之一,其结果对后续处理的影响往往是决定性的。在 LAMOST 收集到的数据中,一条天体光谱由连续谱、特征谱线以及噪声组成,而连续谱形状对恒星来说是重要的分类特征,在恒星分类中起关键作用。同时,天体光谱的原始数据是由每一个波长对应的流量和光谱的物理化学性质组成,流量值变化范围很大,可达 $10^{-19} \sim 10^{6}$,这大大影响运算效率,所以在该系统中预处理的主要工作是提取连续谱,缩小数据量值。

　　关于连续谱的提取,用多项式逼近是常用的方法之一,同时还有许多别的方法,如形态滤波器、小波变换、中值滤波器等。形态滤波器是一种对信号的几何特征进行变换的非线性滤波器,但实现较复杂,而且不适合变化剧烈的谱线。小波变换运算量较大,不适合处理海量数据,该系统采用中值滤波法对光谱数据进行归一化。

　　中值滤波是一种典型的非线性处理技术,方法简单易行,而且效果不错,是一种比较实用的方法。它要求设置一个窗口,将其移动遍历各样本,且窗口内各原始值的中值代替窗口中心点的值,这就产生出比较平滑的输出图像。设 $X=\{x_1,x_2,x_3,\cdots,x_n\}$ 为一条待处理数据,v 为中值滤波窗口半径,则 x_i 对应的窗口中值为:

$$y_i = \mathrm{Median}(x_{i-v},\cdots,x_i,\cdots,x_{i+v}) \tag{6-1}$$

移动滤波器为:

$$Z_i = \frac{1}{n}\sum_{j=i-v}^{j=i+v} x_j \tag{6-2}$$

　　另外一个问题是脉冲噪声,脉冲噪声是指大而短暂的正值或负值的干扰。只要所选择的窗口大小至少是脉冲宽度的两倍,移动中值就很适合去除那些充分离散的噪声脉冲而保留下彼此靠近的脉冲。中值滤波器适于减少以外丢失行和保护尖锐边缘,同时有效平滑尖锐噪声。

　　光谱的物理化学性质在预处理之前是不能参加距离运算的,不能适应数据挖掘的要求,因而本系统在归一化之前进行标准化预处理,消除了量纲的影响,使得包括温度、光度、化学丰度和微湍流等数据符合距离运算的条件。

　　天体光谱离群数据挖掘系统中预处理是针对天体光谱流量值变化范围很大,无法满足离群挖掘的要求而进行的处理,主要采用中值滤波器对天体光谱进行归一化处理,在处理的时候需要设置滤波器窗口大小,默认情况下,设定为 7。如图 6.3 所示,天体光谱数据的预处理结果,在不影响原始表的前提下,对原始数据进行归一化处理,保存到新创建的归一表中。

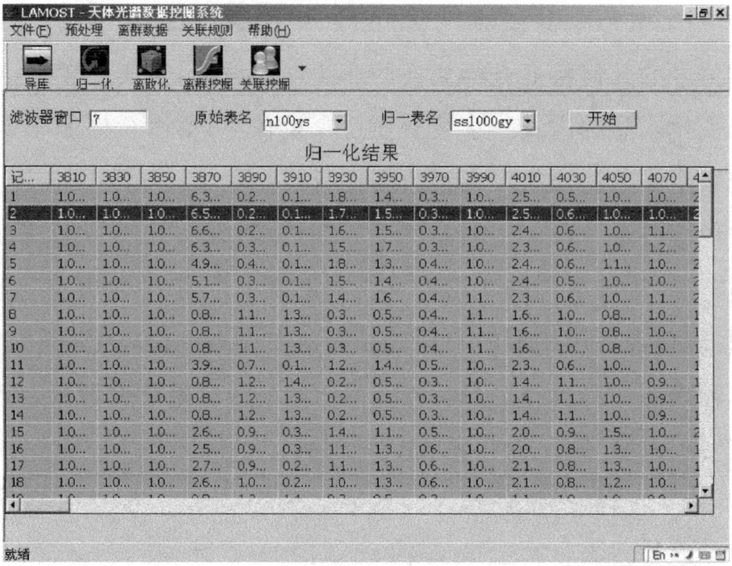

图 6.3　预处理结果

1. 天体光谱聚类分析

聚类分析输入的是一组未分类记录,聚类分析就是通过分析数据库中的记录数据,根据一定的分类规则,合理地划分记录集合,确定每个记录所在类别。简单地说,聚类是基于整个数据集内部存在若干"分组"为出发点而产生的一种数据描述,分组后使得每个子集中的点具有高度的内在相似性。天体光谱离群数据挖掘系统采用的聚类方法分为两个步骤:①利用距离矩阵确定待处理数据集的聚类中心点;②利用基于距离的方法将待处理数据集聚类。天体光谱数据的聚类是第一步,在聚类时需要提前设定中心点个数,即确定聚类类别的个数,再利用第2章中的距离矩阵确定待处理数据集的聚类中心点。

如图 6.4 所示为聚类中心点运算结果,首先设定中心点个数为 7,然后距离矩阵来计算中心点,最后显示了各中心点全部属性。天体光谱离群数据挖掘的第二步是采用基于距离的方法将待处理数据集进行聚类运算，分别计算每条光谱到中心点的距离，取距离最小者作为聚类的结果。图 6.5 为聚类结果，显示了光谱数据的 ID 号，所属类别以及和该类中心点的距离。

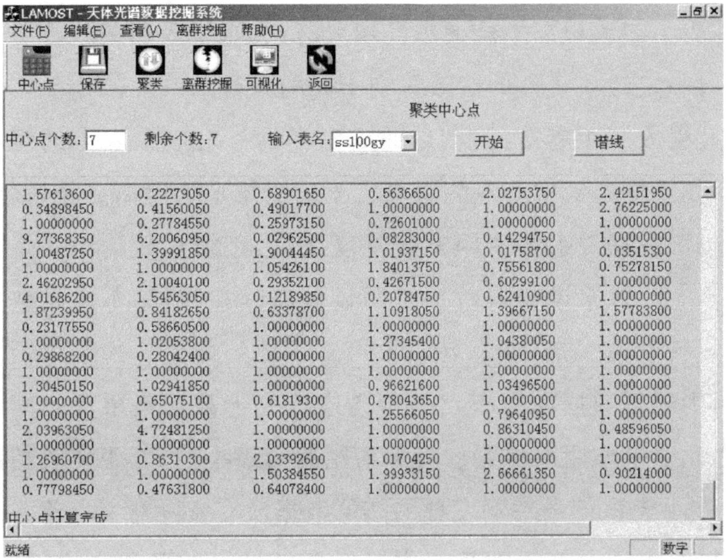

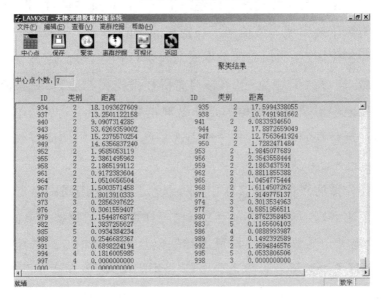

图 6.4　聚类中心点

图 6.5　聚类结果图

3. 稀有天体光谱检测

特定环境下对离群数据的定义标准是不同的,即使同一环境下根据不同的要求对离群数据的定义也有差异,要求发现的离群数据范围也不同,为了能够根据不同要求发现离群数据,所采用的挖掘方法应该能通过对一定约束条件的修改得到不同的聚类结果。

在此引入了距离支持度,以此确定样本与对应中心点的距离的上限阈值,如果样本到中心点的距离大于此值与平均距离之积,则认为该样本为离群数据。引入了距离支持度之后,必须对其给出一个确定的有效范围。一般来说离群数据是明显偏离其它数据,不满足数据的一般模式或行为,并与存在的其它数据不一致的数据。如果以距离为度量标准,则离群数据和中心点的距离应该大于数据集中样本间的平均距离,在此以平均距离作为加权平均距离的最小值,即距离支持度最小值为1,在小于该值条件下发现的离群数据没有实际意义。聚类之初构造的距离矩阵最大值为数据集中属性差异最大的两元素之间的距离,任何离群数据与其它数据之间的距离不可能都超过该值,因此,可以定义距离支持度最大值为该值与平均距离的比值。

实际工作中,在输出离群数据时对其进行排序,虽然距离支持度变小时,输出离群数据增加,但不影响离群数据挖掘的质量,只是简单地增加一些原本不是离群数据的点作为离群数据输出,所以排在底部的点并不一定是真的离群数据,考虑到这一点,将不会影响离群数据挖掘结果。

天体光谱的离群数据获取中,采用设定天体光谱同中心点距离的上限阈值来实现,具体方法在第 2 章已经详细介绍。挖掘结果如图 6.6 所示,给出了光谱数据 ID 号,所属类别以及和该类中心点的距离。图 6.7 为离群光谱数据的二维谱线表示。测试得到 6 条离群光谱数据,经天体光谱专家认证,天体光谱离群数据发现是成功的。

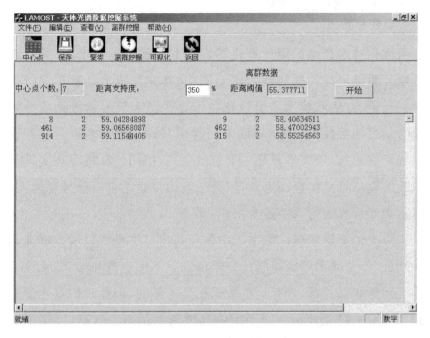

图 6.6　离群数据挖掘结果

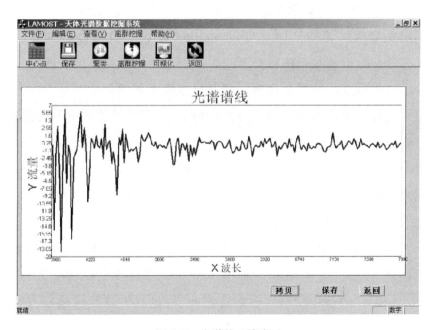

图 6.7　光谱的二维表示

4. 可视化输出

可视化技术是指运用计算机图形学和图像处理技术,将科学计算过程中计算结果的数据转换为图形图像,并在屏幕上显示和进行交互处理的理论、方法和技术。可视化技术是帮助人们表示数据或挖掘数据隐含信息的手段,目的是辅助人们得出某种结论性观点。从常识性的认知角度而言,现实世界是一个三维空间,使用计算机将现实世界表达成三维模型将更加直观逼真,因为三维的表达不再以符号化为主,而是以对现实世界的仿真手段为主。

天体光谱离群数据挖掘系统中首先采用二维谱线表示离群光谱的原始特征,但是光谱谱线虽然比较精确但是不够直观和形象,无法表示天体之间的相对关系,光有这些数据还是不够的,因此我们对光谱数据进行了三维可视化显示。由于天体光谱数据是高维数据,要实现三维可视化显示必须对数据降维。降维技术很多,该系统了采用主分量分析法(PCA),主分量概念首先由 Karl Parson 在 1901 年引进,当时只对非随机变量来讨论的。1933 年 Hotelling 将这个概念推广到随机变量。主分量分析就是设法将原来指标重新组合成一组新的互相无关的几个综合指标来代替原有指标。同时根据实际需要从中可取几个较少的综合指标尽可能多地反映原有指标的信息,具体算法在此不再敖述。

实际操作中用聚类中心点代表聚类,将聚类中心点和运算得到的离群数据根据相对距离,放置在一个立方体中,加以标识,为了可以从不同角度观察立方体,设计实现了立方体的多角度旋转,非常清楚地表示出了天体光谱数据之间的相对关系。

天体光谱离群数据挖掘系统中,将离群数据以三维立方体的形式显示出来,如图 6.8 和图 6.9 所示。图 6.8 为直接生成的立方体,图 6.9 为图 6.8 水平旋转 170°,垂直旋转 60°后的立方体。通过立方体的旋转可以非常清楚地表示出数据之间的相对关系。

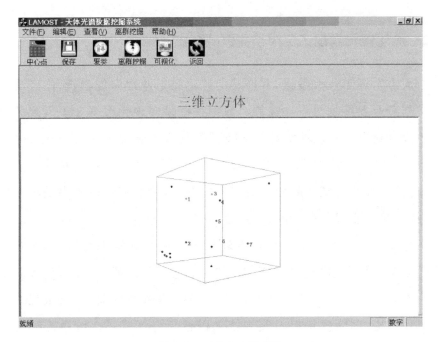

图 6.8 三维立方体表示

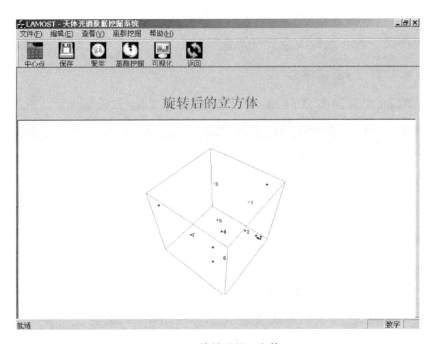

图 6.9 旋转后的立方体

6.2　冷轧辊异常加工工序检测原型系统

大力发展工业大数据,并推动信息化和工业化深度融合,已经成为现代制造业发展的热点和趋势。数据挖掘是实现大数据知识发现的有效手段和途径,其结果可用于机械制造业的智能决策、生产控制、过程分析、信息管理等方面。离群数据检测作为数据挖掘领域的一个主要研究内容,可从机械产品加工工艺大数据中,检测加工过程中的异常行为,从而为企业产品质量的改善、生产智能化的转型提供有效依据。本节在详细分析某钢铁生产企业冷轧辊分厂的冷轧辊工艺流程、冷轧辊失效以及质量管理需求的基础上,利用上述章节的研究成果,设计并实现了集群环境下的冷轧辊异常加工工序检测原型系统,并对系统的软件体系结构、功能模块以及实现技术进行了详细描述。该系统的运行结果分析表明,从合格机械产品的加工工艺数据中,检测出的异常加工工序,能有效发现合格产品中的隐性瑕疵问题,可为机械产品加工质量管理提供一种有效的决策支持新途径。

6.2.1　问题描述

随着《中国制造 2025》的提出和推进,智能制造成为工业变革的重要方面,同时,工业大数据的蓬勃兴起为智能制造的发展提供了数据保障。麦肯锡研究院曾在报告中指出,"制造行业大数据仅在 2010 年就超过 2EB 的规模"。跟其他领域的大数据相比,工业大数据具有专业性、时序性、流程性和关联性等特点。工业大数据推动了制造业向智能制造的转型,开展智能制造,必须对企业大数据做出深入、细致的分析,从而有效提取能优化生产系统的有价值知识。

大数据在智能制造过程中有许多应用场景,比如:生产系统质量的预测性管理、设备的健康管理及预测性维护、制造企业的供应链优化、产品精确营销、智能装备和生产系统的自省性与自重构能力等等。

利用大数据分析能实现从传统制造中的解决问题到智能制造中的避免问题的转换；利用大数据分析可预测智能制造中的隐性问题，实现生产系统的自省性；利用大数据分析还可以实现智能制造中的逆向工程问题。

李杰教授在《从大数据到智能制造》中指出，制造系统中的主要元素可概括为 5 个 M，即材料（Material）、装备（Machine）、工艺（Methods）、测量（Measurement）和维护（Maintenance）。在 5 个要素的基础上，智能制造系统增加了建模（Modeling）作为第 6 个要素，其目的是通过建模分析制造系统中产生的问题，提取出解决问题的知识，从而驱动其他 5 个要素的正常运行。建模的过程可以看作是数据分析的过程，所提取的知识可用于解决和避免制造系统中的问题。整个过程遵循如下模式：发现问题→利用数据分析模型分析问题→根据分析结果调整 5 个要素→解决问题→解决结果反馈到模型并积累经验→对经验进行抽象总结并用于解决未来相似的问题。

制造系统中会发生各种问题，问题的解决主要依靠工人的经验。当经验不足时，问题的解决会成为工人或企业的难题。随着制造系统中问题的出现，大量与问题密切相关的生产数据随之产生，数据挖掘作为数据分析的一种有效手段，能从海量数据中抽取有价值的知识，工人或企业可利用这些知识代替贫乏的经验，为问题的解决和避免提供决策方案。大数据与智能制造之间的关系可以简化为三元素，即问题、数据和知识，如图 6.10 所示。

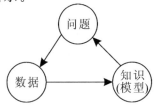

图 6.10　大数据与智能制造的关系

问题:是指在整个制造系统中所产生的影响加工过程和产品质量的各种问题,例如装备故障、原材料缺陷、测量精度缺失、工艺方法和参数陈旧等等。

数据:是指整个制造系统中产生和使用的数据,包括原材料数据、装备数据、设计阶段数据、产品加工数据以及人员数据等。

知识:作为制造系统的核心,可用在制造系统的整个过程中,包括设计阶段、原材料采购阶段、生产阶段以及管理阶段等。知识源于制造系统中的数据,通过大数据分析技术所获取、积累,为制造系统中问题的解决提供辅助经验。

在制造系统中,产品质量管理是企业的生命源泉,也是《中国制造2025》中的基本方针。影响产品质量的因素多种多样,李杰教授在《从大数据到智能制造》一书中,将制造系统中的问题分为"显性问题"和"隐性问题"。其中"隐性问题"极难发现和解决,是影响产品质量的重要方面。隐性问题的产生有多种因素,例如设备性能的衰退、精度的缺失、易耗件的磨损等。隐性问题的不断积累,必然导致更为严重的显性问题的出现,可能会造成生产的巨大损失。机械产品作为制造系统中的一类重要产品,其产品质量同样受到隐性问题的困扰及影响,体现在原材料中存在隐性瑕疵、加工设备中存在性能衰退、工作人员存在不良加工习惯等等,这为企业的质量管理及决策带来了不可忽略的困难。这些问题很难有效判断,解决这些问题的一个有效途径是产品质量的预测分析,尤其对带有隐性瑕疵的合格产品进行有效预测,能弥补由隐性问题所带来的不良后果。产品异常加工工序中隐藏着造成产品缺陷的隐性问题,通过对异常加工工序的检测、分析,能有效提取有价值知识,以此预测产品最终质量,为工作人员做出工艺调整、检测原材料缺陷、维护磨损设备、中止部分产品的生产等控制决策提供依据,从而可提高生产效益、减少企业损失。同时,可通过异常加工工序中的生产数据,逆向推导产生异常的生产设备,为寻找隐性问题提供预测模型。

数据挖掘就是从大数据中提取有价值的、未被人类掌握和发现的知识与规律,其挖掘结果可用于智能决策、生产控制、过程分析、信息管理等方面。离群数据检测作为数据挖掘的一个主要任务,其目的是寻找与多数对象显著不同的特殊对象的过程。在生产加工中,带有隐性缺陷的合格产品,是一个特殊的现象,可以看成数据挖掘中的离群数据,因而采用离群数据检测能有效发现瑕疵产品及其在生产加工中的偏离特征,这些离群数据能为产品质量管理提供决策支持。随着大数据时代的到来,传统的计算软硬件已无法满足海量数据的需求,并行和分布式计算成为大数据分析处理的有效手段,借助大量廉价的计算机硬件资源,协同工作,共同解决大数据中的计算任务。因此,将数据挖掘与并行计算融合到智能制造中,是一个非常有价值的课题。

在结合某钢铁公司下属冷轧辊分厂的冷轧辊生产基础上,本节简单介绍了冷轧辊质量管理及生产工艺流程,分析了冷轧辊生产数据特征,将前面几章的研究成果应用到冷轧辊的生产实践中,设计并开发了冷轧辊异常加工工序检测系统。该系统从冷轧辊生产所积累的大量合格产品数据中检测偏离大多数产品的离群数据,这些离群数据在某些工序或中间数据中具有明显的偏离特征,可能是少量的高质量产品,更可能是带有隐性问题的瑕疵产品。冷轧辊生产中离群数据的检测结果,可转换为冷轧辊加工工序的质量分析,为企业做出优化生产决策,进一步提高产品质量,提供重要的决策支持。

综上所述,本节针对制造企业长期生产中积累的海量、高维、多源机械产品加工工艺大数据,对基于离群数据的异常加工工序检测进行了深入研究。其研究成果不仅能够为机械产品的异常加工工序检测提供一种有效的途径和手段,而且利用所检测出的异常加工工序,能有效地发现机械产品加工过程中的隐性问题,从而为制造企业的质量监控与管理提供有效的决策依据。

6.2.2　系统需求与总体设计

在制造产业中,数据具有海量性、类型复杂性以及质量的层次不齐等特征,导致许多企业不能充分利用已有的数据分析生产系统的各种问题以及产品的质量。轧辊生产企业同样面临着类似的问题,如果能利用轧辊生产线中的中间数据估计生产工序的健康状况,并以此推断冷轧辊的产品质量,那么就可以及时做出决策,中止隐性缺陷产品的生产、修正产生缺陷问题的工序或系统异常。本节简单介绍了冷轧辊的生产流程及冷轧辊失效,并分析了冷轧辊质量管理需求及其特点,为冷轧辊异常加工工序检测系统的设计与开发提供理论依据。

1. 冷轧辊及其生产工艺流程

轧辊是钢铁轧制生产中的一个重要部件,在钢铁轧制过程中,轧辊是一种高消耗的材料,其耗费的成本占钢铁生产总成本的 5%～15%。轧辊的质量直接影响钢铁生产的过程,同样轧辊的质量及其损耗会造成生产的中断、甚至停机,这将为钢铁的轧制带来严重的后果,同时增加了钢铁的生产成本。改善轧辊的质量一直是轧辊制造企业的主要任务之一。

冷轧辊是用于冷轧机的轧辊,它与热轧辊的主要区别在于轧制钢带的温度以及再结晶的温度。热轧辊用于轧制板带的温度明显高于再结晶的温度,冷轧辊用于轧制板带的温度低于再结晶温度。在轧制板带时,冷轧辊要承受比热轧辊更大的轧制压力以及剪切应力,而且冷轧辊会受到机械冲击和热冲击,这可能会导致冷轧辊的温度迅速升高,造成轧辊故障,例如产生裂纹、粘辊、剥落。因此,对冷轧辊的生产质量从材料选择到产品制造的各个环节提出了更高的要求,冷轧辊至少要具备如下性能:冷轧辊表面具有均匀且很高的硬度,可改善轧带或钢板的生产质量;辊身必须具有很深的淬硬层,可提高冷轧辊的寿命;必须具有很大的弹性极限,可防止严重的塑性变形;必须具有较高的耐磨性能、抗热冲击和抗剥落性能。

冷轧辊产品的生产过程有一定的复杂性,从配料开始涉及炼钢、铸锭、电渣重熔、锻造、球化退火、物理检验、探伤、粗加工、最终热处理、精加工、最终检验、刻字包装等多个工序。冷轧辊的制造流程如图 6.11所示。

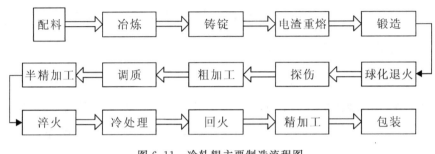

图 6.11　冷轧辊主要制造流程图

下面就冷轧辊制造的主要工序进行简要介绍。

(1)锻造。锻造在冷轧辊生产中起着承上启下的作用,通过锻造不仅能消除炼钢工序中产生的粗大枝晶,达到细化晶粒的作用,而且能减少成分和组织偏析、锻造钢铁内部缺陷,改善碳化物的具体分布。锻造方法一般采用镦拔联合变形工艺。

(2)球化退火。它是使冷轧辊中碳化物球化而进行的退火,主要目的是降低钢材的硬度,以利于切削,为后续的淬火工艺奠定基础。

(3)探伤。它是探测冷轧辊内部的裂纹或缺陷,有 X 光射线探伤、磁粉探伤、涡流探伤等多种方法。

(4)最终热处理。在冷轧辊制造过程中,最终热处理是一个非常重要的工序,主要包括预热、淬火及回火等几个阶段。

(5)淬火。它是将冷轧辊加热到预先设定的温度,然后快速冷却的热处理工艺。其方法主要有两种,即整体淬火或者感应淬火,整体淬火把冷轧辊辊身整体均匀加热,一直达到奥氏体化温度为止,然后恒温保持较长时间来完成淬火;感应加热淬火是采用高频感应热为轧辊进行加热,然后对冷轧辊进行淬火。

(6)回火。冷轧辊在淬火之后得到的是亚稳态的马氏体,为了满足冷轧辊对性能的不同需求,需对冷轧辊重新加热,使其成为稳定的马氏体,这一过程就是冷轧辊制造中的回火工序。回火过程会带来以下五种转变:马氏体中碳原子发生偏聚、马氏体本身被分解、残余奥氏体向马氏体转变、碳化物被析出并转变以及 α 相的回复与再结晶。

1. 冷轧辊失效分析

冷轧辊是轧钢企业在其生产过程中必不可少的重要工具,冷轧产品的数量与质量同冷轧辊的性能密切相关,在轧钢生产成本中冷轧辊的消耗及费用占有很大的比值。因此,冷轧辊的制造与使用在轧钢企业的生产中非常重要,冷轧辊失效的研究对轧钢企业降低生产成本具有深远影响。

冷轧辊在使用中会不可避免的产生失效,这将导致缩短冷轧辊的使用寿命,影响产品的质量与品质,甚至是中断生产,给企业带来直接经济损失。冷轧辊失效可分为以下几种形式:内部裂纹、剥落、断裂、软点等等。其中有些失效是由冷轧辊使用不当造成,而另外一些失效离不开冷轧辊本身的质量瑕疵。下面就冷轧辊失效原因进行简单分析。

内部裂纹是冷轧辊从内部开始产生裂纹,其原因主要是冷轧辊可能未经过电渣重熔或精炼不良,导致冷轧辊心部余留较多的夹杂物;另一个原因是,辊坯在淬火时,温度掌握不精确,由奥氏体变成了马氏体,这导致局部体积增大,造成内部裂纹。此外,冷轧辊中如果存在较严重的带状碳化物,也会造成内部裂纹。

冷轧辊剥落是辊身在接触应力的长期作用下,使得辊身表面剥落,一般以裂纹作为起点,逐步发展到表层小片脱落。造成剥落的原因有很多,其中与冷轧辊质量相关的有:冷轧辊表层裂纹加剧会造成剥落;工作层内冶金缺陷也会导致冷轧辊剥落;冷轧辊内部质量不均匀,含有夹杂物或辊内晶粒错位,在经过长期轧制后,较大的应切力会导致冷轧辊出现剥落。

断裂是冷轧辊最严重的失效之一,往往会造成轧辊的报废,主要有辊颈断裂和辊面断裂。造成断裂的原因也是多方面的,其中冷轧辊的质量问题是主要原因,体现在以下几点:冷轧辊辊面和辊颈的硬度不协调,会导致断裂;辊颈太细,且强度不达标也会造成冷轧辊断裂;冷轧辊在浇铸时存在较多的夹杂物、还有不合理的热处理工艺,使得残余应力控制不均匀,在某些部位超过了抗拉极限,从而引起冷轧辊断裂。如果辊身部存在缩孔和较高的网状碳化物,这会造成冷轧辊生产中早期断裂。

从上述冷轧辊失效分析能看出,冷轧辊本身的缺陷是造成失效的一个主要原因。有些缺陷非常明显,通过仪器设备可以直接检测,另有些缺陷具有隐蔽性,简单的仪器检测无法实现,可通过大量的生产数据分析进行推测。

3. 冷轧辊质量管理需求分析

《中国制造 2025》提出“创新驱动、质量为先、绿色发展、结构优化、人才为本”的基本方针,强调了产品质量的重要性,这将为制造业企业的质量管理提出更高要求。企业产品质量管理是工业生产技术和管理科学相结合的产物,主要指企业各部门确定质量方针、目标和职责,把专业技术与管理科学有机集合在一起,通过质量策划和质量控制来建立质量保证体系。

冷轧辊生产企业以冷轧辊作为产品,其质量管理涉及原材料、人员、生产过程、工艺、设备、产品跟踪等多个方面,在许多中小企业中,质量管理面临着许多问题。冷轧辊的每个加工工序(机加工工序或热处理工序)都会附加质量检验,检验结果分为合格、异议、废品三种,异议和废品是直接检测到的有问题轧辊,这些问题可定义为显性问题。但是在合格产品中,其使用寿命也各不相同,原因是多方面的,轧辊产品质量优劣是其中之一。劣等合格产品中虽不存在显性问题,但可能存在一些没有检测到的隐性问题,这些隐性问题导致冷轧辊使用寿命缩短,加工产品质量下降。作为冷轧辊生产企业,隐性问题的发现、避免,毫无疑问能提高冷轧辊的质量。下面以百一公司为例,对冷轧辊质量管理需求进行具体分析。

(1)产品方面。辊材是百一公司的生产成品,是该企业的主要产品之一,辊材的产品质量及生产效益对该公司具有深远影响。用户在利用辊材轧制钢板时发现,部分检验合格的辊材在使用一段时间后出现轧辊失效现象,其原因之一是冷轧辊生产时存在隐性问题。这给百一公司带来了直接的经济损失和信誉影响。为解决这一问题,迫切需要探索一种产品质量分析手段,为隐性问题的检测和瑕疵辊材的预警提供决策依据。本书第 3 章介绍的上下文离群检测方法,能从合格产品加工工序中检测偏离大多数的离群轧辊,并给出产生偏离的原因,这些离群轧辊中可能存在隐性问题,从而为技术人员对问题辊材的预警提供决策支持。

(2)工艺方面。合格的冷轧辊在使用过程中会产生失效,其中一个重要因素是轧辊自身存在缺陷,这些缺陷在产品检验中未能发现,工艺上的不严谨或陈旧是其产生的因素之一。百一公司的工艺制定主要来源于生产经验的积累,随着设备和原料的改进、发展,旧的工艺出现了一定的偏差。而工艺的改进建立在大量生产实验的基础上,这会造成人力、财力的巨大浪费。因此,生产工艺的改进成为百一公司提高生产效率、降低生产成本的重要因素之一。本书的上下文离群检测方法,能检测出工序上的偏离数据,根据偏离轧辊的最终质量,来判断该工序的工艺有无改进的必要,为技术人员调整工艺参数提供决策支持。

(3)原材料方面。辊坯是冷轧辊生产的主要原材料,百一公司会对新采购辊坯进行质量抽检,由于检测程序复杂,项目繁琐,导致部分瑕疵辊坯成为漏网之鱼,最终导致冷轧辊加工失败或生产出带隐性问题的辊材,这毫无疑问会增加公司的生产成本。因此,在冷轧辊加工过程中,尽早发现存在质量问题的辊坯,会降低公司的损失,尤其在半精车工序之前发现有瑕疵的辊坯,其损失将由供货商承担。本书介绍的多源离群检测方法能从多工序角度检测各个供货商提供辊坯产生劣等合格产品的概率,当概率较高时,说明该供货商提供的辊坯存在质量问题,这一离群检测可为企业的原料选择提供决策支持。

　　(4)设备方面。百一公司作为一个老牌加工制造企业,拥有许多加工和检验设备,但由于设备数量多、品种杂、良莠不齐,造成部分冷轧辊质量下降,精度缺失,因此百一公司希望通过生产数据分析,帮助企业查找并解决设备中存在的质量问题。如果某一设备,近期生产劣等合格产品的数量明显增加,说明该设备存在隐患,继续使用可能会产生废品、甚至导致生产过程的中断。本书介绍的多源离群检测方法将产品加工数据同设备信息相结合,能检测各个设备生产劣等合格产品的概率,为设备的检修或更换提供决策支持。

　　(5)人员方面。涉及的某钢铁公司的前身是标准的国有企业,国有企业中一些落后的观念和习惯深深烙印在工人和基层管理人身上,尤其体现在员工的质量意识淡薄,严重影响了冷轧辊的生产质量。在管理方面,对员工的考核无法形成量化标准,只要产品在合格范围内,质量高低毫无差别,这直接影响了员工提高产品质量,节约生产成本的积极性。基于此,百一公司的管理层希望从产品质量角度量化员工的业绩,为其建立奖惩制度提供决策依据,从而提高员工的质量意识,改善企业的质量状况。本书第 4 章介绍的多源离群检测方法,能从冷轧辊合格数据中,检测出偏离大多数情况的离群轧辊。这些轧辊游离在多数合格产品的边缘,要么是接近工艺指标的上下偏差,还未导致异议的出现,属于劣等合格产品;要么是接近工艺指标的最佳值,属于优等产品。将这些离群冷轧辊同人员信息相结合,可推断出员工对产品质量的掌控情况,将其量化后能为员工的绩效评定提供决策支持。

4.系统的软件体系结构及功能

本节介绍的冷轧辊异常加工工序检测原型系统主要针对冷轧辊生产数据进行离群检测,然后利用离群结果检测异常加工工序,为冷轧辊企业管理层及技术人员在冷轧辊质量管理中提供决策支持。图 6.12给出了该系统的功能模块图,该图显示系统包括三大模块,即数据预处理模块、离群数据检测模块和质量管理分析模块。在数据预处理模块中,包括数据转换和数据清理。原始的冷轧辊生产数据,从格式上不符合离群检测算法的要求,即需要将每个工序产生的数据映射成记录的形式并保存到数据集中,这是数据预处理模块中的数据转换。数据清理是去除冷轧辊数据中的噪声,并纠正少量数据的不一致性。离群数据检测模块是采用前面章节介绍的离群检测方法,从冷轧辊生产数据中检测一些偏离大多数情况的异常工序,并返回该工序的生产特征。质量管理分析模块包括异常工序分析和辅助管理分析,是针对上一模块检测的异常工序进行分析,给出异常出现的原因,将其反馈给管理层或技术人员,并作为质量管理调控的一个决策依据。

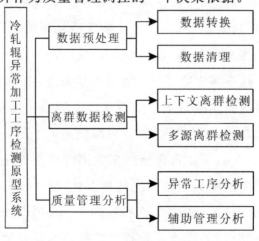

图 6.12　系统功能模块图

图 6.13 给了出本系统的软件体系结构图,描述了冷轧辊异常加工工序检测系统的架构。

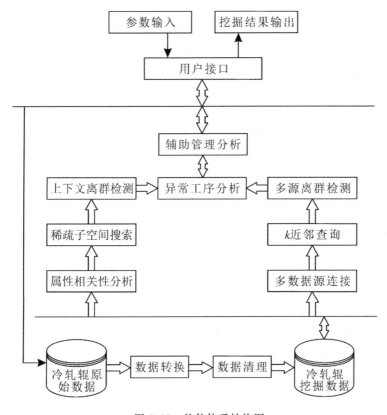

图 6.13　软件体系结构图

本原型系统通过用户接口接收数据预处理及算法中设定的参数,由数据转换和数据清理将冷轧辊原始数据转换成支持离群检测的冷轧辊挖掘数据,其余操作将在该数据上实现。在离群数据检测中,分成两种方式,其一是通过属性相关分析、稀疏子空间搜索,然后检测上下文离群数据;其二是通过多数据源连接、k 近邻查询,然后检测多源离群数据。在离群检测结束之后,两种方法都会执行冷轧辊异常工序分析和辅助管理分析,将最终的结果通过用户接口显示输出。

6.2.3 数据预处理及关键技术

1. 数据转换

冷轧辊原始数据以指标为单元进行存储,即以工序的任一指标的相关信息作为数据集中的一条记录,表6-1列出了原始数据集的表结构及其一条记录。这一格式无法满足离群检测的需求,因此需要对原始数据进行组织形式上的转换。将所有原始数据按照工序进行分组,每一组将被构建为一张数据表,数据表中的每一个记录或对象,由该工序的所有指标及其相关信息构成,表与表之间可通过辊号进行关联。在构建数据表时,一些与离群检测任务无关的字段或属性将被直接去除,这可以缩小数据集的大小,间接提高冷轧辊离群检测的效率。表6-2给出了半精车工序的表结构。

表6-1 冷轧辊原始数据集格式

属性	辊号	工序编码	工序序号	工序名称	指标编码	指标名称	检测数值	检测结果
记录	A154469	23041	0701	半精车	3101	总长	1448	合格
属性	检测人	人员编码	检测设备	设备编码	检测日期	检测部门	部门编码	检测类型
记录	王××	06075	卡板	31003	2016-3-22 14:27:08	车工类	233	全检

表6-2 半精车工序的数据表结构

辊号	总长	总长编码	总长数值	总长结果	辊颈长度	长度编码
长度数值	长度结果	辊身外圆直径	外直径编码	外直径数值	外直径结果	辊颈直径
直径编码	直径数值	直径结果	中心孔符合工艺	指标编码	检测数值	检测结果

2. 数据清理

真实生产中的数据往往不完整,有时带有噪声或者数据与数据之间产生不一致现象。为了从生产数据中能提取更准确的知识,需要对数据进行清理工作,补全空缺值、去除噪声数据。

噪声数据是一些无意义的数据,主要是测量产生的错误信息,它与离群数据具有一些相似特征,但具有本质区别。离群数据是有意义、有价值的数据,能指导生产、为工作人员提供决策依据;噪声是错误信息,不但无意义,而且会干扰正常数据的使用,往往起着负面作用。噪声数据的去除常用的方法有分箱检测、聚类分箱、回归分析等方法。本章涉及的去除噪声采用人工检测方法进行。

空缺数据或无效数据主要由编码或录入的失误所导致,其处理常用的方法有:估算、变量删除、人工补填和均值替代等等。也可用分类或者聚类的方法来补充空缺值,但其需耗费较多时间,实用性较差。在冷轧辊生产数据中,如果缺失的值对离群检测至关重要,这些数据将由生产人员采用人工补填方法进行补充,如果缺失数据对离群检测无关紧要,这些数据在数据转换过程中采用变量删除方式予以去除。

3. 系统实现技术

冷轧辊异常加工工序检测原型系统采用 Visual C++作为开发工具,设计并实现了系统中的各个功能模块。在实现过程中,利用面向对象编程思想,采用 ODBC(Open Database Connectivity,开放式数据库连接)技术访问相关数据库,借助容器组件来组织、布局界面,并使用 STL 标准模板库实现各类算法。

ODBC(Open Database Connectivity,开放式数据库连接)是微软公司提出的一种访问数据库方式,其最大特点是用户编写的程序采用 ODBC 访问数据库时不用考虑数据库的类型,即程序的编写与具体的 DBMS 无关,这简化了程序员的工作,而且开发的系统可以随意地在不同数据库上移植。所有与数据库有关的操作将由 ODBC 驱动程序来实现。一个完整的 ODBC 包括应用程序、ODBC 管理器、驱动程序管理器、ODBC API、ODBC 驱动程序以及数据源,这些部件的关系如图6.14所示。其中 ODBC 驱动程序提供了 ODBC 同各个数据库之间的接口,实现了应用程序同数据库管理系统之间的无关性,是 ODBC 的核心。

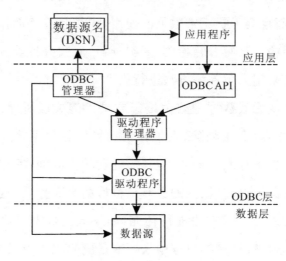

图 6.14　ODBC 结构图

　　STL(Standard Template Library,标准模板库),是惠普实验室开发的一组工具。它主要由容器、算法、迭代器构成,多数代码采用模板类进行调用,这一技术更容易实现代码的重用。容器中包含了序列式容器(例如,向量、列表)、适配器容器(例如,队列、栈)以及关联式容器(例如,集合、映射)。STL 提供了很多算法的模板,采用其相关模板可以优化本章描述系统的代码,也能改善系统的性能。STL 中迭代器主要由头文件<utility><iterator>和<memory>组成,是容器与算法之间的黏合剂,容器中存储的数据可通过迭代器传递给算法,在算法中进行运算,运算结果也可以通过迭代器再传递给容器,将其保存。

6.2.4　系统运行结果

　　冷轧辊异常加工工序检测原型系统采用 Visual C++作为开发工

具,从大量合格的冷轧辊生产数据中检测离群数据,其结果能有效发现合格的冷轧辊产品中存在的隐性瑕疵问题,可用作冷轧辊质量分析的依据,为企业管理层的产品质量管理及决策提供支撑材料。

　　图 6.15 是本系统的主界面,从该界面能够看出,冷轧辊异常加工工序检测系统总共包括五大功能,分别为工序表管理、数据预处理、并行环境参数设置、上下文离群检测和多源离群检测。

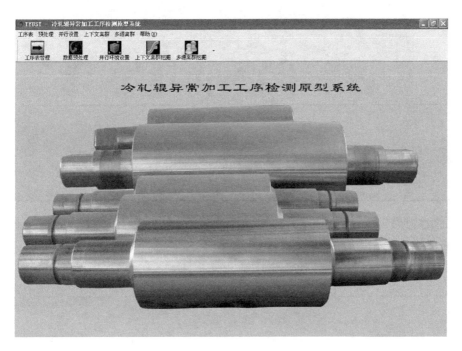

图 6.15　冷轧辊异常加工工序检测系统

　　图 6.16 是工序表管理,在处理、分析冷轧辊的各批次数据时,由于冷轧辊生产的工序可能存在微量调整,同时,分析数据所使用的工序表也可能发生变化,本系统提供了工序表的管理,主要工作是增加未出现在系统中的工序表及其结构,另外可以从系统中选择本次数据分析所涉及的工序表。

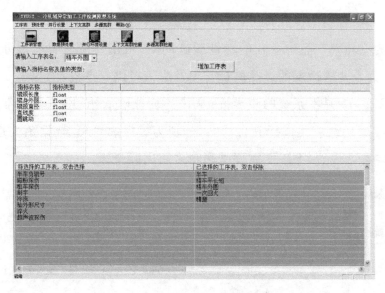

图 6.16　工序表管理

图 6.17 是冷轧辊数据预处理界面,通过"打开数据文件"按钮,选择冷轧辊原始数据,并通过"预处理"按钮执行数据清理和数据转换,将原始数据按工序分组,分别存储到各自的工序表中,为后续的数据分析提供数据源。

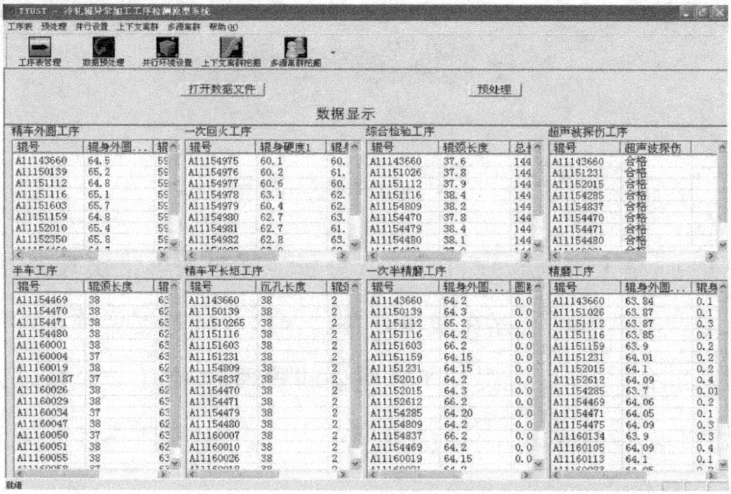

图 6.17　数据预处理

图 6.18 是并行参数设置界面,在处理、分析不同的冷轧辊数据时,可以根据实际需求选择、设置不同的集群参数。系统会给出每个参数的默认值,一般情况,采用默认值作为系统参数。当处理较大数据集时,需调整数据节点数量、Map 和 Reduce 个数;当集群不稳定或者数据非常重要时,可增加数据副本个数并增加数据块大小。

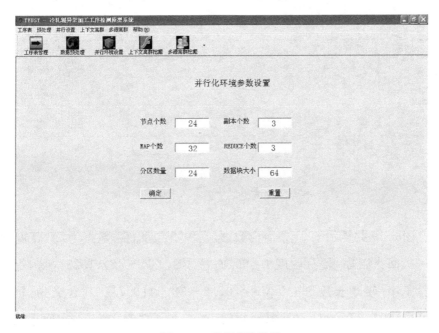

图 6.18　并行参数设置

图 6.19 是上下文离群检测界面,其功能可分成两部分,其一是上下文离群参数的设定,包括稀疏因子阈值和稀疏系数阈值(详细描述可参见第 3 章),已经给出默认值,也可根据实际数据特征和实验结果进行重置。其二是冷轧辊离群检测,通过按钮"上下文离群检测",将所选工序数据上传到集群的 HDFS,然后在集群上并行地执行第 3章介绍的 PICO 算法,离群结果显示在图 6.19 的 list 控件中。离群结果包括两部分内容,即偏离正常数据的辊号和产生偏离的上下文信息。

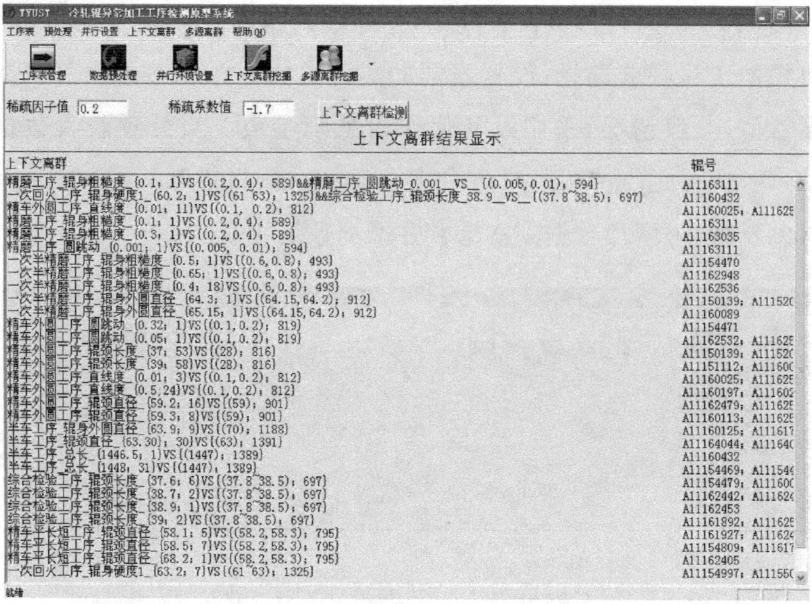

图 6.19　冷轧辊中上下文离群检测

图 6.19 共显示了 31 条离群数据,其中第二条离群数据为:A11160432
→一次回火工序_辊身硬度 1_{60.2;1} VS {(61～63);1325}&& 综合
检验工序_辊颈长度_38.9 VS {(37.8～38.5);697}。其含义为:辊号
为 A11160432 的冷轧辊是离群数据,离群上下文信息为:一次回火工序
的辊身肖氏硬度指标是离群属性,该辊材的检测 HS 值为 60.2,参考
HS 值为 61～63,参考对象数量为 1325;综合检验工序的辊颈长度指标
是第二个离群属性,检测值为 38.9 mm,参考值为 37.8～38.5 mm,参
考对象数量为 697。该离群数据表明:一次回火工序的辊身肖氏硬度指
标中,大多数合格辊材(即 1 325 个)的检测 HS 值位于 61～63 的范围
内,但是作为合格产品的 A11160432 辊材,其辊身肖氏硬度检测为
60.2HS,明显偏离了大多数辊材的检测值;在综合检验工序的辊颈长
度指标中,697 个辊材的检测值位于 37.8～38.5mm 范围内,而编号为
A11160432 辊材的辊颈长度是 38.9mm,显著偏离了大多数辊材的辊

颈长度,因而标为 A11160432 的辊材属于上下文离群。经冷轧辊技术
人员验证,轧辊 A11160432 尽管是满足工艺要求的合格产品,但由于辊
身硬度低于大多数辊材检测值且辊颈长度略高于大多数值,因此该辊
材可能存在隐性问题,在其使用中可能会产生辊材失效,缩短冷轧辊的
使用寿命,也可能影响轧制品的质量。该条辊材的上下文离群可为技
术人员对问题辊材的预警提供决策支持。

　　图 6.20 是多源离群检测界面,其功能可分成两部分,其一是多源
离群参数的设定,主要设定最近邻居个数,已经给出默认值。其二是冷
轧辊多源离群检测,通过按钮"多源离群挖掘",将所选工序数据上传到
集群的 HDFS,然后在集群上并行地执行第四章介绍的 Outlier-join 算
法,离群结果显示在图 6.20 的 list 控件中。

图 6.20　冷轧辊中多源离群检测

　　在图 6.20 共显示了 28 条离群数据,其中第五条离群数据是:在一
次回火工序的辊身肖氏硬度指标中,检测 HS 值为 61.9 的冷轧辊为离
群数据,离群数量为 15,这些轧辊由工人申爱文负责生产。另一条相近

的离群数据是:在一次回火工序的辊身硬度指标中,检测值为 61HS 的冷轧辊为离群数据,离群数量为 4,这些轧辊由工人刘＊＊负责生产。结合指标辊身硬度的工艺参数,可以得到检测值为 61HS 的轧辊接近工差的下偏差边界,产品质量较差,这说明工人刘＊＊生产技术或产品质量理念较差,有待提高。此外,检测值为 61.9HS 的轧辊接近工艺参数的最佳值,属于优质产品,这说明工人申爱文有过硬的生产技术和产品质量理念,是一个非常负责的工人,应该得到嘉奖。这两条离群数据,能得到员工的质量意识及技术熟练程度,将其量化后能为员工的绩效评定提供决策支持。

参 考 文 献

[1]ZHAO XUJUN, ZHANG JIFU, QIN XIAO. *k*NN-DP：Handling Data Skewness in *k*NN Joins Using MapReduce. IEEE Transactions on Parallel and Distributed Systems,2018, 29(3)：600 – 613.

[2] ZHAO XUJUN, ZHANG JIFU, QIN XIAO. Parallel mining of contextual outlier using sparse subspace. Expert Systems with Ap plications, 2019, 126：158 – 170.

[3]ZhAO Xujun, ZhANG Jifu, QIN Xiao. LOMA：A local outlier mining algorithm based on attribute relevance analysis. Expert Systems with Applications, 2017, 84：272 – 280.

[4]XUN YALING, ZHANG JIFU, QIN XIAO, et al. FiDoop-DP：Data Partitioning in Frequent Itemset Mining on Hadoop Clusters. IEEE Transactions on Parallel and Distributed Systems，2017, 28 (1)：101 – 114.

[5]ZHAO XUJUN. A Classification Rule Acquisition Algorithm Based on Constrained Concept Lattice. //The 2011 International Conference on Artificial Intelligence and Computational Intelligence. 2011:356 – 363.

[6]赵旭俊,蔡江辉,张继福,等. 基于分类模式树的恒星光谱自动分类方法. 光谱学与光谱分析,2013,33(10)：2875 – 2878.

[7]赵旭俊,张继福,蔡江辉. 基于约束 FP 树的天体光谱数据相关性分析系统研究. 光谱学与光谱分析. 2008,28(12):2996 – 2999 .

[8]赵旭俊,蔡江辉,马洋. 基于信息熵的加权频繁模式树构造算法研究. 模式识别与人工智能,2014,27(1)：28 – 34.

[9]赵旭俊，张继福，马洋，等. 一种新的分类规则提取算法[J]. 小型微型计算机系统，2012，33(5):1126－1130.

[10]赵旭俊，张继福，蔡江辉. 约束频繁模式树及其构造方法研究[J]. 小型微型计算机系统，2010，31(4):682－685.

[11]JIFU ZhANG, XUJUN ZHAO, SULAN ZHANG, SHU YIN, XIAO QIN, et al. Interrelation analysis of celestial spectra data using constrained frequent pattern trees[J]. Knowledge-Based Syetems, 2013, 41: 77－88.

[12]CAI JIANGHUI, ZHAO XUJUN, SUN SHIWEI, et al. Stellar spectra association rule mining method based on the weighted frequent pattern tree. Research in Astronomy and Astrophysics, 2013, 13(3): 334－342.

[13]杨海峰，蔡江辉，张继福，等. LAMOST 离群光谱 J140242.45＋092049.8 特征分析[J]. 光谱学与光谱分析，2017，37(04): 1269－1273.

[14]蔡江辉，杨海峰，赵旭俊，等. 一种晚型天体光谱离群数据挖掘系统[J]. 光谱学与光谱分析，2014，34(5): 1421－1424.

[15]蔡江辉，杨海峰，赵旭俊，等. 一种恒星光谱分类规则后处理方法[J]. 光谱学与光谱分析，2013，33(01): 237－240.

[16]张继福，赵旭俊. 一种基于约束 FP 树的天体光谱数据相关性分析方法[J]. 模式识别与人工智能，2009，22(4):639－646.

[17]蔡江辉，张继福，赵旭俊. 基于 PSO 的二阶段光谱模糊聚类研究[J]. 光谱学与光谱分析，2009，29(4):1137－1141.

[18]蔡江辉，孟文俊，孙士卫，等. 基于信息熵的变星光谱快速识别方法[J]. 光谱学与光谱分析，2012，32(1):255－258.

[19]张继福，赵旭俊. 基于关联规则的恒星光谱数据相关性分析[J]. 高技术通讯，2006，16(6):575－579.

［20］CAI JIANGHUI, ZHANG JIFU, ZHAO XUJUN. A Star Spectrum Outliers Mining System Based on PSO［J］. International Journal of Mult-Valued Logic and Soft Computing,2010,16(6):631－641.

［21］CAI JIANGHUI, ZHANG JIFU, ZHAO XUJUN. Design and Implement of Star Spectrum Outliers Mining System［C］. In:Intelligent Control and Automation,2006:6024－6028.

［22］赵旭俊.基于频繁模式树的正负项目集挖掘［J］.太原科技大学学报,2012,33(1):18－22.

［23］赵旭俊,闫宏印,吴广平,等.基于准频繁项目集的关联规则挖掘［J］.太原理工大学学报,2005,36(4):412－415.

［24］赵旭俊,张继福.基于背景知识的关联规则挖掘算法研究［J］.通讯和计算机,2005,2(6):11－18.